FORSCHUNGSBERICHT DES LANDES NORDRHEIN-WESTFALEN

Nr. 2666/Fachgruppe Maschinenbau/Verfahrenstechnik

Herausgegeben im Auftrage des Ministerpräsidenten Heinz Kühn
vom Minister für Wissenschaft und Forschung Johannes Rau

o. Prof. Dr.-Ing. Friedrich Eichhorn
Dipl.-Ing. Godehard Foyer
Institut für Schweißtechnische Fertigungsverfahren
der Rhein.-Westf. Techn. Hochschule Aachen

Untersuchungen der Grundlagen und Anwendungsmöglichkeiten des Auftragschweißens mit schmalen Bandelektroden unter Schutzgas

WESTDEUTSCHER VERLAG 1977

CIP-Kurztitelaufnahme der Deutschen Bibliothek

Eichhorn, Friedrich
Untersuchungen der Grundlagen und Anwendungsmöglichkeiten des Auftragschweißens mit schmalen Bandelektroden unter Schutzgas / Friedrich Eichhorn; Godehard Foyer. - 1. Aufl. - Opladen: Westdeutscher Verlag, 1977.
(Forschungsberichte des Landes Nordrhein-Westfalen; Nr. 2666 : Fachgruppe Maschinenbau/Verfahrenstechnik)
ISBN-13: 978-3-531-02666-4 e-ISBN-13: 978-3-322-88383-4
DOI: 10.1007/978-3-322-88383-4
NE: Foyer, Godehard:

Gesamtherstellung: Westdeutscher Verlag

ISBN-13: 978-3-531-02666-4

Inhalt

1. Problemstellung

Das Schutzgasschweißen mit Bandelektrode entspricht im Prinzip dem Schutzgasschweißen mit abschmelzender Drahtelektrode. Im Gegensatz zur Drahtelektrode brennt der Lichtbogen bei der Bandelektrode jedoch nicht an einer Stelle, sondern bewegt sich sowohl am Bandende als auch an der Werkstückoberfläche hin und her. Dieser Effekt entspricht im wesentlichen dem Vorgang einer mechanischen Pendelung, wie er zur Spaltüberbrückung beim Wurzelschweißen mit einer Drahtelektrode erforderlich ist.

Im Vergleich zum Schweißen mit Drahtelektrode bietet das Schweißen mit Bandelektrode eine Reihe von Vorteilen:

a) höhere Strombelastbarkeit der Bandelektrode gegenüber Runddraht vergleichbaren Querschnitts;

b) höhere Abschmelzleistung und dadurch bedingt kürzere Schweißzeiten;

c) gleichmäßigere und geringere Grundwerkstofferwärmung durch weniger konzentrierte Wärmezufuhr aufgrund der Bewegungscharakteristik des Lichtbogens;

d) geringere und gleichmäßigere Einbrandtiefe als beim Schweißen mit Runddraht vergleichbaren Querschnitts; dieses bewirkt eine geringere Aufmischung durch den Grundwerkstoff;

e) innerhalb bestimmter Grenzen vorwählbare, große Schweißraupenbreite, wodurch eine gesteuerte Pendelbewegung des Lichtbogens überflüssig wird.

Gegenüber dem UP-Schweißen bietet das Schutzgasschweißen dort Vorteile, wo die Zuführung des Schweißpulvers, das Halten der flüssigen und das Entfernen der festen Schlacke Schwierigkeiten bereitet.

Außerdem ist die Anwendung des UP-Auftragschweißens auf nur wenig gekrümmte Flächen beschränkt, da hier, wie auch allgemein beim Schweißen in Zwangslage, die großen Metall- und Schlackebäder nicht zu halten sind.

Durch den Wegfall der Pulverbeschaffung, -trocknung, -absaugung und -wiederaufbereitung sowie der Schlackenentfernung entsteht ein wesentlich vereinfachter Arbeitsablauf gegenüber dem UP-Auftragschweißen.

Aufgrund der oben genannten Vorteile gegenüber dem Schutzgasschweißen mit Drahtelektrode und dem Unterpulver-Auftragschweißen, die neben einer Erweiterung des Anwendungsbereiches des Auftragschweißens auch eine Steigerung der Wirtschaftlichkeit erwarten lassen, soll diese neue Verfahrensvariante des Schutzgasauftragschweißens mit Stahlbandelektroden systematisch untersucht werden.

Die bisherigen Untersuchungsergebnisse [1] waren hinsichtlich des Einbrandverhaltens und der sehr stark oxid- und spritzerbehafteten Schweißnahtoberflächen wenig zufriedenstellend.

Aufgrund dieser Tatsache sollten verschiedene Gasgemische auf ihre Auswirkungen auf das Schweißergebnis hin überprüft werden. Diese Arbeiten scheinen zunächst überflüssig zu sein, da die Auswirkungen der einzelenen Gaskomponenten (Argon, Sauerstoff, Kohlendioxid, Stickstoff und Wasserstoff) auf das Schweißergebnis vom Schutzgasschweißen mit Drahtelektrode her weitgehend bekannt sind [2] Bei Verwendung von Stahlbandelektroden ist der Prozeßablauf gegenüber dem bei Verwendung von Drahtelektroden derart unterschiedlich, daß diese Untersuchungen dennoch vorgenommen wurden, um auch hier einen Überblick über die Auswirkungen der verschiedenen Gaskomponenten zu erhalten, eventuelle Unterschiede zur Drahtelektrode herauszuarbeiten und die oben erwähnten Probleme über die Auswahl geeigneter Gaskomponenten zu lösen.

Diese Arbeiten gewinnen dadurch an Bedeutung, daß im Verlauf der ersten Untersuchungen bereits festgestellt werden konnte, daß die im Vordergrund stehenden Anforderungen an Einbrand, Raupengeometrie-, -oberfläche, Spritzerbildung und Abbrandverluste über die Schutzgaszusammensetzung in entscheidendem Maße zu beeinflussen sind.

Darüberhinaus soll versucht werden, durch den Einsatz transversaler Zusatzmagnetfelder die Schweißergebnisse weitergehend zu optimieren, vor allen Dingen in Hinsicht auf das Einbrandverhalten und die Spritzerbildung, so daß unabhängig von der Legierungszusammensetzung (im vorgegebenen Rahmen) der Elektrode und ihrer Geometrie mit einem breiteren Parameterspektrum (Schweißspannung und Schweißstromstärke) reproduzierbare Ergebnisse erzielt werden können, die den gestellten Anforderungen weitgehend genügen.

2. Stand der Erkenntnisse beim Auftragschweißen mit schmalen Bandelektroden unter Schutzgas

Aus der Literatur [5,6,8] ist bekannt, daß Auftragschweißungen guter Qualität unter Schutzgas möglich sind. Die Auftragschweißungen bei diesen Arbeiten wurden immer mit quer zur Schweißrichtung gestellter Bandelektrode durchgeführt. Der Einbrand ist flacher und die entstehende Raupe eignet sich auch von der Geometrie her besser zum Plattieren als die bei Verwendung von Drahtelektroden. Als problematisch erwies sich bisher die verstärkte Spritzerbildung. Zur Lösung dieses Nachteils wurde der Lichtbogen durch zeitlich veränderliche Magnetfelder beeinflußt, so daß eine breitere flachere Schweißraupe geringerer, gleichmäßigerer Einbrand und eine Verminderung der Spritzerbildung erzielt wurde [6]. Die Ergebnisse können bezüglich der Spritzerbildung noch nicht ganz befriedigen und sind darüberhinaus nur schwer zu reproduzieren.
Als Schutzgas wurde bei den bisherigen Arbeiten durchweg Corgon (89 % O_2; 6 % CO_2; 5 % O_2) verwendet.

2.1 Untersuchungen des Lichtbogenverhaltens und des Werkstoffüberganges beim Auftragschweißen mit niedriglegierter Bandelektrode unter Corgon

Lohrmann benutzt für die Untersuchungen des Lichtbogenverhaltens mit Hilfe der Hochgeschwindigkeitsfotografie ein niedriglegiertes Band (C = 0,2 %; Si = 1,05 %; Mn = 1,8 %; P = 0,013% und S = 0,012 %) mit den Abmessungen 14 mm x 0,5 mm und Corgon als Schutzgas. In Abhängigkeit von der Schweißstromstärke und der Schweißspannung werden die im folgenden näher beschriebenen Lichtbogendaten erfaßt /4,5/.

Mit steigender Schweißstromstärke wird die Lichtbogenlänge geringer, während die Breite stark zunimmt (Bild 1), bei steigender Schweißspannung liegen die Verhältnisse umgekehrt (Bild 2).

Die Lichtbogenfrequenz ist die Anzahl der Wechsel des Lichtbogens von einer Bandseite zur anderen in einer Sekunde. Der Wechsel ist nach Definition nur vollzogen, wenn die beim zunächst stationär brennenden Lichtbogen innere Lichtbogenkante die andere Bandseite erreicht hat und die äußere Lichtbogenkante ihre bisherige Bandseite verlassen hat.

Die Verweilzeit des Lichtbogens ist die Zeit, in der mindestens eine Lichtbogenkante in Ruhe bleibt. Die Lichtbogenfrequenz und die Verweilzeiten des Lichtbogens an bestimmten Stellen der Bandkante sind entscheidend für die Charakteristik der Tropfenausbildung, des Tropfenüberganges und der Ausbildung der Schweißraupe /4,5/ Bei niedrigen Schweißstromstärken ist die Pendelfrequenz gering; der Lichtbogen hat lange Verweilzeiten an den Bandecken.

Mit steigender Schweißstromstärke steigt die Pendelfrequenz des Lichtbogens sehr stark, die langen Verweilzeiten an den Bandecken weichen kurzen Verweilzeiten in der Bandmitte, Bild 3.

Bei niedrigen Schweißspannungen ist die Pendelfrequenz des Lichtbogens sehr hoch, die kurzen Verweilzeiten des Lichtbogens treten vornehmlich in der Bandmitte auf. Mit steigender Spannung sinkt die Lichtbogenfrequenz bis zu einem Kleinstwert bei etwa 32 V und steigt dann wieder langsam an. Die Verweilzeiten des Lichtbogens werden mit steigender Spannung bis zu einem Größtwert bei etwa 32 V länger und wandern von der Bandmitte zu den Bandecken. Bei weiter steigender Spannung treten die Verweilzeiten weiterhin bevorzugt an den Bandecken auf, werden aber wieder kürzer, Bild 4. Die abschmelzende Elektrode wird hauptsächlich durch zwei Quellen aufgeheizt, nämlich die Stromwärme und das Bombardement mit Ladungsträgern. Beim Schweißen mit Bandelektrode wird diese nicht gleichmäßig über die ganze Bandbreite aufgeheizt, sondern die Aufheizung ist im Lichtbogenansatzpunkt am stärksten. Nur in der Lichtbogenzone kommt es zur Bildung von Tropfen, und nur von hier gehen Tropfen über. Die Hauptaufschmelzzonen der Bandelektrode und die somit bevorzugten Tropfenübergangszonen ergeben sich aus der gerade aufgezeigten Pendelbewegung des Lichtbogens.

Bei niedrigen und mittleren Stromstärken und bei mittleren und hohen Spannungen gehen die Tropfen bevorzugt von den Bandecken aus, teils senkrecht, teils schräg nach außen über. Bei hohen

Stromstärken und bei niedrigen Spannungen gehen die Tropfen bevorzugt von der Bandmitte aus über, Bild 7 und Bild 8. Diese Beobachtungen werden durch das Schweißraupenaussehen, die Einbrandform und die Oberflächenfiederung bestätigt. Bei einer Stromstärke von 390 A brennt der Lichtbogen überwiegend von den Bandecken schräg nach außen. Die Schweißraupe zeigt nicht exakt begrenzte Raupenränder, Ausläufe und eine große Anzahl von Tropfen, die so schräg nach außen übergegangen sind, daß keine Verbindung mehr mit der Schweißraupe besteht. Dieses Bild ändert sich unwesentlich für die mit I = 500 A geschweißte Raupe. Auch hier brennt der Lichtbogen hauptsächlich von den Bandecken, die Raupenbegrenzung ist etwas schärfer, und die nach außen übergehenden Tropfen sind kleiner. Wesentlich verändert ist das Raupenaussehen bei der mit I = 720 A geschweißten Raupe. Hier brennt ein sehr kurzer Lichtbogen bevorzugt in der Bandmitte. Die Randbegrenzung der Schweißraupe ist sehr scharf, die Tropfen neben der Raupe sind nicht direkt vom Band aus übergegangen, sondern durch die hohe Energie des Lichtbogens aus dem Schweißbad herausgeschleudert worden.

Aus der Tatsache, daß die Tropfen bei mittlerer Schweißstromstärke und Schweißspannung senkrecht bis leicht nach außen übergehen, resultiert der Anstieg der Spritzer bei steigender Schweißgeschwindigkeit. Leicht nach außen übergehende Tropfen, die bei geringer Schweißgeschwindigkeit, d.h. großer Abschmelzleistung je Vorschubeinheit und breiter Raupe noch in die Raupe aufgenommen werden, bleiben bei höherer Geschwindigkeit und schmalerer Raupe am Rande oder außerhalb der Schweißraupe liegen. Dadurch entsteht bei höheren Schweißgeschwindigkeiten eine Raupe mit vielen seitlichen Spritzern [5]. Der Einfluß der Bandstellung auf den Werkstoffübergang und die Schweißraupenausbildung wird ebenfalls gezeigt. Beim Schweißen mit Längsstellung der Bandelektrode, d.h. mit der breiten Bandseite parallel zur Schweißrichtung, fallen alle Tropfen, die bei Querstellung des Bandes durch den von den Bandecken schräg nach außen brennenden Lichtbogen neben die Schweißraupe geschleudert werden, entweder vor die Schweißraupe oder nach hinten in das flüssige Schweißbad; sie werden in beiden Fällen in die Schweißraupe aufgenommen. Größere Spritzer sind beim Schweißen mit längsgestellter Bandelektrode nur am Beginn der Schweißraupe hinter dieser und am Ende der Schweißraupe vor dieser zu erkennen. So ergeben sich für das Schweißen mit längsgestellter Bandelektrode bei gutem Nahtaussehen extrem niedrige Spritzverluste. Darüberhinaus wurden bereits erste Versuche zur Steuerung des Lichtbogens auf elektromagnetischem Wege unternommen. Es konnte damit eine Kompensation der natürlichen Blaswirkung des Lichtbogens erreicht werden und eine Beruhigung der Schweißstrom- und Spannungsverläufe [5].

In den Abbildungen 5,6 und 7 [4] ist die Abhängigkeit der Schweißraupenbreite, Einbrandtiefe sowie Auftraghöhe von der Schweißstromstärke, Lichtbogenspannung und Schweißgeschwindigkeit dargestellt. Der werkstückseitige Fußpunkt eines an einer Drahtelektrode brennenden Lichtbogens vollführt, abgesehen von den örtlich begrenzten Brennfleckbewegungen, lediglich eine der jeweiligen Geschwindigkeit des Schweißkopfes entsprechende Bewegung in Schweißrichtung. Dadurch kann der Lichtbogenbrennfleck je nach den von ihm ausgeübten Kräften, den Gaskräften und der vorliegenden Schweißgeschwindigkeit durch das aufgetragene flüssige Schweißgut dringen und den Grundwerkstoff aufschmelzen. Die Einbrandtiefe nimmt stark mit der Stromstärke zu. Der Lichtbogen an einer Bandelektrode macht zusätzlich noch Bewegungen entlang der Bandkante. Der Lichtbogenfußpunkt erfasst nicht gleichzeitig das ganze flüssige Schweißbad. Er kann dieses nur entsprechend seiner Bewegungsgeschwindigkeit bzw. der Länge der Verweilzeiten örtlich durchdringen. Da die Zeit, in der der Lichtbogen seine grabende Wirkung auf eine bestimmte Stelle des Bades ausüben kann, sehr begrenzt ist, ist die Aufschmelzung des Grundwerkstoffes und damit die Einbrandtiefe geringer als im Falle eines an einer Drahtelektrode brennenden Bogens. Ebenso wie die Axialkräfte im Bogen nimmt mit steigender Stromstärke die Lichtbogenbewegung entlang der Bandkante zu. Dies kommt in der Verringerung der Verweilzeiten des Lichtbogens sowie in der Erhöhung der Lichtbogenfrequenz zum Ausdruck. Dadurch wird die Wirkung der Zunahme der Lichtbogenkräfte mit der Stromstärke abgeschwächt. Der Anstieg in der Einbrandtiefe mit zunehmender Stromstärke verläuft daher nicht so steil wie im Falle einer Drahtelektrode.

Bei niedrigen Spannungen verläuft die Lichtbogenbewegung sehr rasch (Bild 4). Es steht nur wenig Zeit zum Aufschmelzen des Grundwerkstoffes an einer bestimmten Stelle zur Verfügung. Eine Erhöhung der Spannung verringert die Bewegung des Lichtbogens. In Abbildung 4 erkennt man, daß die Lichtbogenverweilzeit ein Maximum bei 30 bis 32 V hat. Das entspricht etwa dem Maximum der Einbrandtiefe in Abbildung 6. Bei höheren Spannungen nimmt die Lichtbogenverweilzeit wieder ab, die Lichtbogenfrequenz zu. Der Bogen brennt immer häufiger an den Ecken, wobei aufgrund seiner meist schrägen Lage die Lichtbogenkräfte nicht senkrecht auf die Badoberfläche wirken. Die Einbrandtiefe fällt ab. Mit zunehmender Spannung wird die Auftraghöhe geringer und gleichmäßiger über der Raupenbreite. Der Grund dafür ist, daß bei hohen Spannungen nicht mehr soviel Werkstoff von der Bandmitte aus übergeht. Die ausgeprägte Überhöhung in Raupenmitte tritt nicht mehr auf. Statt dessen geht ein größerer Teil des Werkstoffes von den Bandecken zum Schweißbad über. Die gesamte Schweißraupe wird flacher. Die Schweißgeschwindigkeit beim Schutzgasschweißen mit Bandelektroden übt auf die Raupenform etwa den gleichen Einfluß aus wie beim Schweißen mit Drahtelektroden (Abb. 7). Für die Tiefe des Einbrandes ist auch beim Bandschweißen die Stellung des Lichtbogens zum Schweißbad wichtig. Das Maximum der Einbrandtiefe liegt bei einer Schweißgeschwindigkeit von 20 bis 22 cm/min. Bei niedrigeren Geschwindigkeiten fällt der Einbrand stark ab. Der Lichtbogenfußpunkt setzt dann unmittelbar auf einem tiefen Schweißbad an, so daß der Grundwerkstoff nur wenig aufgeschmolzen werden kann. Mit höheren Geschwindigkeiten als 22 cm/min nimmt der Einbrand wegen der geringeren pro Längeneinheit der Schweißraupe zugeführten Energie wieder ab.

In der Abbildung 8 ist der Einfluß der Schweißgeschwindigkeit auf Raupenbreite, Auftraghöhe und Einbrandtiefe bei längsgestellter Bandelektrode dargestellt. Bemerkenswert ist, daß der Maximalwert der Einbrandtiefe nur geringfügig höher liegt als bei quergestellter Elektrode, und daß der Einbrand bei niedrigen Geschwindigkeiten sehr stark abfällt [4].

3. Versuchseinrichtung, Versuchswerkstoffe, Prüfverfahren

3.1 Hochgeschwindigkeitsfilmeinrichtung

Die Hochgeschwindigkeitsfilmaufnahmen wurden mit der Filmcamera vom Typ Fastax der Wollensak Optical CO.N.Y. durchgeführt. Die mögliche Bildgeschwindigkeit beträgt bei den verwendeten 16 mm Filmen 7500 Bilder/sec. Die über eine externe Spannungsregelung eingestellte Bildfrequenz wird bei den verwendeten 30 m langen Spezialfilmen nach etwa 60 % der zur Verfügung stehenden Filmlänge erreicht. Die optische Einrichtung bestand aus einem 152 mm Objektiv mit Zwischenringen sowie einem Graufilter 4-fach. Es wurde sowohl im Durchlicht- als auch im Auflichtverfahren gearbeitet, wobei die gesamte Leistung der Beleuchtungsanordnung 11,5 kW betrug. Bei der eingerichteten Gegenstandsweite von ca. 150 cm stellte sich bei der gewählten Brenn- und Bildweite ein Abbildungsmaßstab von 1 : 5 ein.

3.2 Schweißmaschine

Für die Versuche stand ein Schweißautomat der Firma ESAB Kjellberg, vom Typ AGB zur Verfügung. Schweißstrom, Lichtbogenspannung und Schweißgeschwindigkeit werden mit Bedienungseinheiten eingestellt und kontrolliert. Diese Werte lassen sich unabhängig von der Belastung mit Thyristorregelung konstant halten. Die Bandvorschubeinheit besteht aus einem Nebenschlußmotor mit stark untersetztem Getriebe (312 : 1), wodurch eine gleichmäßige Bandzufuhr gewährleistet ist.
Die gesamte Versuchsanordnung unterscheidet sich von der beim Schutzgasschweißen mit Drahtelektrode nur durch den neu gestalteten Schweißkopf, der in Kapitel 4 ausführlich beschrieben wird. Die für die Versuche verwendete Gesamtanlage zeigt Bild 9.

3.3 Energiequelle

Die in Verbindung mit dem ESAB Schweißautomaten benutzte Schweißstromquelle LAD 1400 besitzt drei Grobeinstellungsstufen für die Schweißspannung (Bild 10). Die Einstellung der Lichtbogenspannung wird am Schweißautomaten mit einem Schalter "Erhöhen - O - Senken" stufenlos ausgeführt. Auf der Lage "Start" des Stromschalters beginnt der Bandvorschub. Bei Berührung der Elektrode mit dem Werkstück wird der Steuerstromkreis geschlossen und die eingestellte Bandvorschubgeschwindigkeit erreicht. Über abgegebene Impulse an eine Regeleinheit stellt sich der Sollwert für die Lichtbogenspannung ein. Zusätzlich hält ein Thyristorregler die Lichtbogenspannung unabhängig von den Netzspannungsvariationen konstant.

Auf Schutzgasschweißprozesse zeigt die in die Quelle eingebaute Drossel im Bezug auf Prozeßstabilität günstige Auswirkungen. Allerdings verringert sich die maximal nutzbare Schweißstromstärke auf 600 A.

Zulässige Belastung

Dauerbelastung:	1250 A/44 V, bei 80 % ED 1400 A/44 V
Einstellbereich:	80 A/20,7 V bis 1400 A/44 V
Leerlaufspannung:	
Grobeinstellung	
I	44 V
II	55 V
III	66 V

Das entsprechende Kennlinienfeld zeigt Bild 11.

3.4 Meßeinrichtung und -methoden

Die Bestimmung der Schweißstrom- und -spannungswerte erfolgte mit einem Effektivwertmesser. Aufgezeichnet wurden die gemessenen Werte mit Hilfe eines geeichten Flüssigkeitsstrahloszillographen vom Typ Oszillomink U der Firma Siemens AG, Karlsruhe. Der Linearitätsfehler des Gerätes ist < 3 %. Zusätzlich wurden die über einen Mikroswitch erhaltenen Impulse für den Elektrodenvorschub und die Schweißgeschwindigkeit aufgenommen.

3.5 Versuchswerkstoffe

Die Tafeln 1 bis 9 geben die chemische Zusammensetzung der verwendeten Grund-, Zusatz- und Hilfswerkstoffe wieder. Als Schutzgase wurden $Ar-CO_2-O_2$ und $Ar-O_2$ Gasgemische verwendet sowie Schweißargon (Reinheitsgrad 99,99 %). Die Beschichtungen erfolgten auf St37 als Grundwerkstoff wobei unterschiedliche Bandelektroden zum Panzern und Plattieren zur Verfügung standen. Im einzelnen wurden zum Panzern Bandelektroden X 40 Cr 13 und X 45 Cr Si 93 verwendet und zum Plattieren X3CrNiNb2413, X 8 Cr 17 und X2CrNi2413. Die Bandabmessungen betrugen 10 mmxO,5mm, 15 mm x O,5 mm und 20 mm x O,5 mm. In Vorversuchen kamen auch Bänder von 1 mm und 2 mm Dicke zum Einsatz.

3.6 Licht- und elektronenmikroskopische Untersuchungen

Zur Beurteilung der Ausbildung und Ausdehnung der Gefügezonen in der Gesamtverbindung sowie der Primärkristallisation des Schweißgutes wurden Makroaufnahmen im Maßstab 4 : 1 nach vorausgegangenem Naßschleifen auf Siliziumkarbidpapier bis zur Körnung 600 und Ätzen mit 10 %-iger wässriger Salpetersäure angefertigt.

Zur Untersuchung der Gefügeausbildung des Schweißgutes, des Werkstoffüberganges, der Wärmeeinflußzone und des unbeeinflußten Grundwerkstoffes wurden lichtmikroskopische Analysen erstellt. Hierbei wurden im Auflichtverfahren Gefügeaufnahmen im Maßstab 1 : 200 nach folgender Vorbehandlung gewonnen.
Naßschleifen der Probe s.o.
Reinigen der Probenfläche mit Alkohol.
Polieren mittels Diamantpaste der Körnung 7 und 1 μm.
Ätzen mit 1 % alkoholischer Salpetersäure.
Zur exakten Untersuchung des Verhaltens der Hauptbestandteile der austenitischen Plattierungen - Eisen, Chrom und Nickel - in der Übergangszone vom Grundwerkstoff zum aufgetragenen Schweißgut wurde eine Mikroanalyse mit der Elektronensonde durchgeführt. Diese Methode bietet im Gegensatz zur chemischen Analyse die Möglichkeit, auf kleinstem Raum kontinuierlich über eine bestimmte Strecke genaue Analysen zu erhalten. Bei den Messungen beträgt bei einer Beschleunigungsspannung des Elektronenstrahls von 25 kV der Strahldurchmesser 1,5 μm. Der Strahl regt jedoch eine etwas größere Zone zur Strahlung an, so daß die Messungen jeweils für einen Bereich mit einem Durchmesser von 9 bis 9,5 μm gelten.

3.7 Mechanisch-technologische Prüfungen

Im Faltversuch nach DIN 50121 (Probenbreite = 40 mm, Probendicke = 10 mm, Dorndurchmesser = 30 mm (Bild 15)) wurde die Verformungsfähigkeit der Schweißverbindung ermittelt.

Der Verlauf der Härtekurven wurde nach Vickers (DIN 50133) aufgenommen. Bei einer Einwirkdauer von 20 sec betrug die Prüflast 10 kp.

Um die Auftragung auf Beständigkeit gegen interkristalline Korrosion zu prüfen wurden bei den verschiedenen Werkstoffen Strauß-Tests durchgeführt (nach Stahl-Eisen-Prüfblatt 1875 (1953)). Dazu wurden die entsprechenden Proben 168 h in einer Schwefelsäure-Kupfersulfatlösung (10 %ige Schwefelsäure und 10% Kupfersulfat) gekocht und dann gebogen.

4. Konstruktion eines wassergekühlten Schweißkopfes zum Verschweißen von bis zu 20 mm breiten Stahlbandelektroden unter Schutzgas

Die in Vorversuchen durchgeführten Schweißungen, bei denen weder eine ausreichende Qualität der Auftragschweißungen noch eine gute Reproduzierbarkeit gewährleistet werden konnte, ergaben für das Verfahren ohne Verwendung von Steuermagneten die Notwendigkeit, den vorhandenen Schweißautomaten mit einem speziellen Kopf auszustatten, der es erlaubt, bis zu 20 mm breite Stahlbandelektroden zu verwenden. Dabei muß eine gute Kontaktierung, eine ausreichende Kühlung und eine geeignete Schutzgasführung gegeben sein, um Auftragschweißungen erstellen zu können, die den gestellten Anforderungen weitgehend genügen. Als Anforderungen stehen zunächst ein möglichst geringer und gleichmäßiger Einbrand, eine zum Plattieren geeignete Raupengeometrie und -oberfläche und die Vermeidung von Spritzern und zu großen Abbrandverlusten im Raum.

4.1 Auslegung der Schutzgasführung

Der zum Schutzgasschweißen mit Bandelektrode neu konstruierte Schweißkopf besteht im wesentlichen aus zwei Teilen, einem inneren Stück, das im Prinzip die Form einer Welle hat mit einer Aussparung in der Mitte des Querschnittes, die sich durch die gesamte Welle zieht und innerhalb derer die Führung und Kontaktierung der Bandelektrode erfolgt. Auf die Auslegung im einzelnen wird in den Punkten 4.2 und 4.3 noch ausführlich eingegangen. Um diese Welle liegt konzentrisch ein äußerer, rohrförmiger Mantel, mit dessen Hilfe das Schutzgas in den Bereich des Lichtbogens und der erstarrenden Schmelze geführt wird. Das Schutzgas wird senkrecht zur Schweißkopfachse einem Ringkanal zugeführt, um einen über den gesamten Ringumfang konstanten Gasdruck zu erreichen und die entstehende Einströmturbulenz weitgehend abzubauen. Von dieser ersten Beruhigungskammer aus gelangt das Gas über 18 Bohrungen in einen zweiten Ringkanal mit etwa 10 cm langer Beruhigungsstrecke (siehe Abb. 12).

Die Ringdüse und der Düsenkern müssen genau zentrisch zueinander stehen, um einen gleichförmigen Volumenstrom über den ganzen Umfang des Ringspaltes einzuhalten. Zur Zentrierung dienen vier über den Umfang verteilte Abstützrippen aus Kunststoff, die strömungsgünstig ausgebildet sind und zusätzlich zu einer Stabilisierung der Strömung im Bereich der Ringdüse bis zur Austrittsöffnung führen. Der bisher beschriebene obere Teil des Schutzgasdüsenmantels dient also dazu, das verwendete Gas möglichst ruhig, d.h. turbulenzfrei und gleichmäßig in den Kopf einzuleiten und bis zur Düsenaustrittsseite zu führen.

Der untere Teil wurde vom oberen Teil über ein Gewinde getrennt, um bei einer eventuell erforderlichen Umarbeitung eines Bauteiles nicht den gesamten Mantel neu fertigen zu müssen und um das Innere des Mantels besser zugänglich zu machen zum Reinigen und zur Kontrolle des Verschmutzungs- und Abnutzungsgrades.

Der untere Teil des Düsenmantels ist im Querschnitt in Abbildung 13 aufgezeichnet. Diesem Bauteil kommt deshalb besondere Bedeutung zu, da von seiner Auslegung in entscheidendem Maße abhängt, ob die Schutzwirkung des verwendeten Gases im Bereich des Lichtbogens und der erstarrenden Schmelze voll zum Tragen kommt.

Die folgenden Überlegungen führten zu der Konzeption, wie sie in Abbildung 13 dargestellt ist:
Aufgrund der Lichtbogenbewegungen entsteht eine Raupe, die wesentlich breiter ist als das verwendete Band (bei 20 mm breitem Band bis zu 45 mm), die Schutzgasdüse muß also so ausgelegt sein, daß selbst die Randbereiche dieser breiten Raupen ausreichend gegen atmosphärischen Einfluß geschützt werden. Darüber hinaus verursachen die schnellen Lichtbogenbewegungen (mit bis zu 24 m/sec Bewegungsgeschwindigkeit) Turbulenzen im Schutzgas, die dazu führen, daß Luft in den Lichtbogenbereich gesogen wird. Da diese Turbulenzen nicht zu vermeiden sind, auch dadurch nicht, daß man das Schutzgas möglichst laminar an die Schweißstelle strömen läßt, muß man vermeiden, daß das durch die Turbulenzen angesogene Gas Luft ist, sondern ebenfalls Schutzgas.

Als letzter Punkt gilt zu berücksichtigen, daß die erstarrende Schmelze ebenfalls weitgehend vor atmosphärischen Einflüssen zu schützen ist, um nachträgliche Oxydbildungen zu vermeiden.

Zur Lösung der oben geschilderten Probleme wurde der Düsenmantel im unteren Bereich glockenförmig erweitert. Die Absicht dabei war, einen möglichst großen Bereich mit Schutzgas abzudecken und durch die glockenartige Form das Schutzgas im Bereich des Lichtbogens und der erstarrenden Schmelze zu halten. Darüberhinaus sollte das Gas durch die Glockenform nach außen geleitet werden um zu vermeiden, daß Strömungen in umgekehrter Richtung verlaufen können.

Versuche haben gezeigt, daß es im Schweißbetrieb nicht möglich ist, diesen Schweißkopf so dicht über die Blechoberfläche fahren zu lassen, daß das gesteckte Ziel in jedem Fall erreicht wird. Aus diesem Grunde wurde um die eigentliche Schutzgasdüse eine zweite ringförmige Schutzgaszuführung gelegt, die die eigentliche innere Düse zusätzlich vor Atmosphäreneinfluß schützt und mit einem relativ steifen Schutzgasmantel den inneren Bereich abschirmt. Außerdem ließ sich durch die Gaszuführung erreichen, daß an dieser Stelle mehr Schutzgas ausströmt als am restlichen Umfang, eine Erscheinung, die sich dahingehend nutzen ließ, daß die Zuführung in den Bereich der erstarrenden Schmelze gelegt wurde und somit an dieser Stelle einen vermehrten Gasschutz bewirkte. Die Abbildung 14 zeigt dies besonders deutlich. Hier wurde versucht, die Strömungsverhältnisse allein im Außenmantel mit Hilfe von Rauch sichtbar zu machen. Abbildung 15 zeigt den Schweißkopf noch einmal in eingebautem Zustand.

4.2 Auslegung der Bandführung

Außerhalb des Kopfes wird die Bandelektrode mit Hilfe einer Leitschiene bis zu den Antriebsrollen geführt. Die Antriebsrolle befindet sich ca. 2 cm oberhalb des Schweißkopfes. Die Anpreßrolle ist kugelgelagert, so daß Schlupf weitgehend vermieden wird.

Um ein Ausknicken und Festklemmen der Bandelektrode zwischen Transportrolle und Kontaktelementen zu vermeiden, wird die Elektrode in einem PVC-Rohr bis zur Kontaktierung geführt. Dieses Rohr erleichtert außerdem die Einführung des Bandes in den Schweißkopf.

4.3 Auslegung der Kontaktierung

Die Einleitung des Schweißstromes in die Bandelektrode soll möglichst nahe bei der abschmelzenden Bandkante liegen (15 - 20 mm, je nach Bandabmessungen), um das freie Elektrodenende kurz zu halten und somit eine allzu große Widerstandserwärmung zu vermeiden, die die Formsteifigkeit des Bandes herabsetzt. Die Kontaktierung erfolgt über zwei Kontakte, von denen der eine fest angeschraubt und der andere federn gelagert ist und das Band gegen den gegenüberliegenden Kontakt drückt.

Die Anpreßkraft zwischen Bandelektrode und Kontaktelementen ist derart ausgelegt, daß bei ausreichendem Kontakt ein leichtes Einfädeln der Elektrode sowie ein reibungsarmer Vorschub gewährleistet ist.

Um die Umrüstarbeit bei einer Änderung der Bandabmessungen auf ein Mindestmaß zu beschränken, wurde der federnde Kontaktschuh so gestaltet, daß er für alle Bandbreiten von 7 - 20 mm zu verwenden ist, während lediglich der feste Kontaktschuh ausgewechselt werden muß. Ein Schnitt dieses Innenteiles zeigt Bild 16.

Die ersten Versuche mit diesem oben beschriebenen neuen Schweißkopf zeigten deutlich eine Verbesserung im Schweißergebnis, ein zusätzlicher Hinweis darauf, welche grundlegende Bedeutung einem sicheren Gasschutz bei diesem Verfahren zuzumessen ist. Diese Tatsache ist vom Drahtschweißen her bereits bekannt, allerdings gestaltet sich hier der Schutz des Lichtbogenbereiches nicht so schwierig, allein von der Ausdehnung her und erfordert deshalb beim Bandschweißen einen erhöhten Aufwand.

5. Versuchsdurchführung und Versuchsergebnisse

5.1 Grundlagenuntersuchungen zum Lichtbogenverhalten beim Schutzgasschweißen mit Bandelektrode mit Hilfe der Hochgeschwindigkeitsfotografie

Zur Durchführung der Versuche, das Lichtbogenverhalten und den Werkstoffübergang beim Auftragschweißen mit Bandelektrode unter Schutzgas mittels Hochgeschwindigkeitsfotografie zu erfassen wurden 10 mm und 20 mm breite Bandelektroden der Qualität X 8 Cr 17 verwendet. Die Bildfrequenz betrug durchweg 6500 Bilder/sec. Die unterschiedlichen Schweißparameter sind in den Einzelfällen bei den Bildunterschriften beschrieben.

5.1.1 Erläuterung einiger physikalischer Zusammenhänge der Stromleitung im Lichtbogenbereich

Wie aus den Hochgeschwindigkeitsfarbfilmen zu erkennen ist, bestehen die zu erkennenden Leuchterscheinungen aus einem Lichtbogen mit einem oder mehreren sogenannten Kernen (Bild 17) oder scheinbar aus mehreren Lichtbögen (Bild 18).

Der Lichtbogen setzt sich aus dem Plasma des verwendeten Schutzgases (Atome, Moleküle, Ionen, Elektronen) und ionisiertem Metalldampf zusammen. Hiervon hebt sich der Kern sowohl in der Lichtintensität als auch im Farbton deutlich ab. Aufgrund der Tatsache, daß diese sogenannten Kerne immer von angeschmolzenem Werkstoff ausgehen (z.B. von einem sich bildenden Tropfen, Bild 17), wird angenommen, daß sie in höherem Maße aus ionisiertem Metalldampf bestehen. Für diese Annahme spricht auch, daß selbst nach Ablösung des Tropfens von der Bandelektrode, diese Leuchterscheinungen zwischen Werkstück und Tropfen bestehen bleiben können und mit Übergang des Tropfens in das Schmelzbad verschwinden. Diese sogenannten "Lichtbogenkerne" können auch bei einer Bewegung des eigentlichen Lichtbogens an eine andere Stelle des Bandelektrodenendes allein kurzzeitig weiter existieren, während sich gleichzeitig im eigentlichen Lichtbogen durch die Entstehung eines weiteren Tropfens ein neuer Kern bildet (Bild 19). Durch diese Vorgänge läßt sich leicht erklären, daß in den einzelnen Filmen gleichzeitig die Existenz zweier oder mehrerer "Kerne" zu beobachten ist, ohne daß man von der Bildung von Mehrfachlichtbögen sprechen kann. Diese oben beschriebenen Prozeßabläufe lassen sich nur bei Verwendung geeigneter Farbfilme und ausreichenden Bildfrequenzen erkennen. Es kommt also darauf an, die verschiedenen Leuchterscheinungen zu differenzieren und den grundlegenden physikalischen Zusammenhängen zuzuordnen. Am Anfang des Prozesses steht der Zündvorgang vorwiegend durch Widerstandserwärmung, d.h. die Elektrode wird bei angelegter Leerlaufspannung auf den Grundwerkstoff gefahren. Es kommt zum Aufschmelzen bzw. Verdampfen von Material im Bereich der Werkstoffbrücke, wobei infolge der hohen Temperatur und der vorhandenen Spannung Thermoemission und Feldemission auftreten. Dabei wird der weitere Stromfluß durch Stoßionisation einfallender Primärelektronen oder auf die Metalloberfläche prallender Teilchen aufrechterhalten. Die zu diesen Vorgängen normalerweise notwendige hohe Spannung wird durch die heiße Metallfläche (Raumladung, hohe Stromdichte) herabgemindert. Bei diesen höheren Temperaturen, welche auch das Schutzgas im Lichtbogenbereich einnimmt, können Gasmoleküle neben den drei Freiheitsgraden der translatorischen Bewegung und der rotatorischen (mehratomig) noch weitere Freiheitsgrade einnehmen, nämlich Anregung, Dissoziation und Ionisation (Bild 20). Sobald eine Mindest-Anregungs-, -Dissoziations- bzw. Ionisationsenergie erreicht ist, beginnt das Gas zu strahlen, die Moleküle zerfallen in ihre Atome und schließlich werden die Teilchen ionisiert, so daß freie Ladungsträger auftreten und das Gas elektrisch leitet [20]. Ein solches elektrisch leitfähiges heißes Gas, das aus Molekülen, Atomen, Molekül- und Atomionen in allen Anregungszuständen sowie freien Elektronen besteht, wird als Plasma bezeichnet. Bei der Widerstandszündung werden nun einige Stationen des Gasentladungsbereiches übersprungen (Bild 21), die jedoch für den weiteren Prozeß erhebliche Bedeutung haben.

Infolge der relativ großen Ausdehnung der Kathode bzw. Anode und infolge der Tatsache, daß der Lichtbogen ohne abzureißen an der Bandelektrodenkante zu wandern vermag, muß eine elektrische Leitfähigkeit auch außerhalb des sichtbaren Lichtbogens vorhanden sein, und zwar in niedrigeren Energiestufen der Dunkelentladung und darauf folgend der Glimmentladung. Der Zustand der Glimmentladung bildet mit einem Übergangsbereich den Ausgang für eine Bogenentladung, wenn ein thermisch stabiles Plasma an der entsprechenden Stelle der Bandkante existieren kann. Eine Dunkelentladung findet statt, wenn Elektronen zur Anode wandern (Bed.: Thermoemission, Feldemission), hierbei Ionen erzeugen, die wiederum weitere Elektronen auslösen.

Das Vorhandensein entsprechender Voraussetzungen für die Dunkelentladung neben einem Lichtbogen kann aus den oben genannten Zusammenhängen als sicher angenommen werden sowie die hierbei sich bildende positive Raumladung, die durch Feldverzerrungen den Spannungsbedarf für eine Entladung ansteigen oder sinken lassen kann. Tritt der zweite Fall ein, geht die Dunkelentladung ohne scharfe Grenze in die Glimmentladung, welche auf denselben Elementarprozessen beruht, über. Diese Leuchterscheinungen lassen sich, wie schon erwähnt, auf bestimmten Farbfilmen vom Lichtbogen unterscheiden. Die Leuchterscheinungen gehen von der Kathode aus, da hier die Anregungswahrscheinlichkeit der Ionen mit den schneller werdenden Elektronen am größten ist. Verlassen die Elektronen den Bereich der positiven Raumladung bei Ansteigen der Feldstärke, geht das Stoß- und Rekombinationsleuchten zurück. Es erfolgt ein stetiger Übergang in den "Faraday'schen Dunkelraum", der sich bis zur Anode (Bandelektrode) erstrecken kann. Die Farbe der Strahlungen ist gelblich-grün, was auf die im Vergleich zu den Gasmolekülionen trägeren Metallionen zurückzuführen ist. Der Lichtbogen mit seiner rötlich gelben Farbe kann einen oder mehrere Kerne aufweisen, welche die gleiche Tönung wie die Glimmerscheinungen haben und stets, wie schon erwähnt, im Lichtbogen von einem angeschmolzenen Bereich der Bandkante ausgehen. Das bedeutet, daß nur der Lichtbogen energetische Voraussetzungen für das Aufschmelzen von Metallen besitzt und das Leuchten des Kernes von Metallionen in den Anregungszuständen herrührt. Wandert der Lichtbogen von den Kernen fort, bleiben die grünlichen Leuchterscheinungen bestehen, d.h. sie gehen in das Glimmleuchten oder in deren Mischformen über. Hieraus wird deutlich, daß diese Leuchterscheinungen nicht mit dem Lichtbogen verwechselt werden dürfen, da sie in keinem Fall die thermischen Bedingungen für eine Plasmabildung erfüllen. Als Beweis für den niedrigeren Energiegehalt ist das Vorhandensein eines Dunkelraumes zu betrachten, der besonders dann augenfällig wird, wenn, wie zu Beginn des Kapitels erwähnt, zwischen einem abgelösten Tropfen und dem Werkstück Leuchterscheinungen (also Glimmleuchten) und zwischen Tropfen und Bandelektrode ein Dunkelraum besteht.

Aus den oben beschriebenen Zusammenhängen wird deutlich, daß die Beurteilung, ob Mehrfachlichtbögen vorhanden sind oder nicht zumindest schwierig ist. Dreierlei läßt sich aber mit Bestimmtheit sagen: Die Beobachtung zweier gleichzeitig existierender Leuchterscheinungen muß nicht bedeuten, daß es sich um die Bildung zweier Lichtbögen im eigentlichen Sinne handelt; die Bildfrequenzen müssen bei den verwendeten Schweißparametern mindestens 6000 bis 10.000 Bilder/sec betragen, um überhaupt glaubhafte Angaben machen zu können und das Auftreten von eventuellen Mehrfachlichtbögen bei Verwendung bis zu 20 mm breiter Elektroden ist überhaupt äußerst selten.

5.1.2 Lichtbogenverhalten und Tropfenübergang bei quer zur Schweißrichtung stehender Bandelektrode

Der prinzipielle Unterschied zwischen einer Schutzgasschweißung mit Drahtelektrode und einer mit Bandelektrode liegt in der völlig unterschiedlichen Bewegungscharakteristik des Lichtbogens. Wie unter 2.1 bereits beschrieben pendelt der Lichtbogen an der Bandkante bzw. auf der Werkstückoberfläche hin und her. Diesen Bewegungsablauf zeigt die Bildserie 22, bei der eine 10 mm breite Bandelektrode verwendet wurde. Dabei zeigt sich, daß das Pendeln des Lichtbogens nicht kontinuierlich erfolgt, sondern daß, je nach Schweißparameterwahl, die Bewegung durch Verweilzeiten in Bandmitte oder an den Bandkanten unterbrochen wird. Wichtig für das Schweißergebnis in Bezug auf Einbrandgeometrie, Einbrandtiefe, Raupengeometrie und Spritzerbildung ist die Abhängigkeit der Pendelfrequenz, der Pendelamplitude des werkstückseitigen Lichtbogenfußpunktes und der Verweilzeiten an einer bestimmten Stelle der Elektrode von den beeinflußbaren Schweißparametern, der Schutzgaszusammensetzung und der Bandstellung. Im folgenden sollen zunächst die Einflüsse der Schweißparameter auf die obengenannten Faktoren bei Verwendung von Argon und quer zur Schweißrichtung stehender Bandelektrode näher beschrieben werden.

Die Tendenzen gehen bereits deutlich aus den Darstellungen 1 bis 4 (2.1) hervor. Dabei läßt sich eine starke Abnahme der Verweilzeit des Lichtbogens mit zunehmender Stromstärke unter sonst gleichen Bedingungen erkennen. Diese Tendenz gilt sowohl für die Verwendung von Argon als auch von Mischgasen als Schutzgas.
Die Pendelfrequenz des Bogens und damit seine Beweglichkeit nimmt entsprechend zu (Bild 23). Der mittlere Lichtbogenquerschnitt wird bei kleinerer mittlerer Lichtbogenlänge größer. Umgekehrt verhalten sich die Kenngrößen, wenn man die Lichtbogenspannung verändert. Mit steigender Spannung und damit mit einem größeren mittleren Abstand des Bandelektrodenendes vom Schweißbad und einem entsprechend längeren Lichtbogen wird dieser in seiner Bewegung träger. Der mittlere Lichtbogenquerschnitt nimmt nach dem Prinzip der kleinsten Energieverluste ab, bis er schließlich infolge der Verluste durch radiale Wärmeleitung und durch Ladungs-

trägerdiffusion so instabil ist, daß er aus diesem Grunde wieder häufiger seinen Ort wechselt.

Bei niedrigen Schweißstromstärken (350 bis 450 A) brennt der Lichtbogen überwiegend von den Bandecken schräg nach außen. Die Schweißraupe zeigt nicht exakt begrenzte Raupenränder, Ausläufe und eine große Anzahl von Tropfen die so schräg nach außen übergegangen sind, daß keine Verbindung mehr mit der Schweißraupe besteht. Dieses Bild ändert sich mit zunehmender Schweißstromstärke. Die Tropfenfrequenz nimmt zu und ihre Größe ab. Darüberhinaus brennt der Lichtbogen nicht so schräg nach außen, so daß die Randbegrenzung der Schweißraupen schärfer wird und die weniger auftretenden Spritzer kleiner. Außerdem wird die Raupe breiter (darauf wird in 5.2 noch näher eingegangen), so daß allein dadurch schon nicht mehr so viele Spritzer über den Schmelzbadbereich hinaus auftreten können. Die gleichen Ergebnisse zeigt das Einbrandverhalten. Bei niedriger Stromstärke sind die Stellen größter Einbrandtiefe, bedingt durch das Brennen des Lichtbogens von den Bandecken, zu den Raupenseiten hin verschoben, bei mittleren Stromstärken ist der Einbrand nahezu über die ganze Breite gleichmäßig, während bei hohen Stromstärken, bedingt durch den in der Mitte des Bandes brennenden Lichtbogen, die Einbrandtiefe in der Raupenmitte am größten ist.

Weiterhin sehr aufschlußreich für die Betrachtungen des Werkstoffüberganges und die Ausbildung der Schweißraupe ist die Oberflächenfiederung der Raupen, die durch die Abkühlungsfronten des Schweißbades hervorgerufen wird. Bei niedrigen Stromstärken, also bei bevorzugt von den Bandecken aus brennendem Lichtbogen erkennt man deutlich eine doppelt geschwungene Fiederung. Dies zeigt, daß sich von den beiden Tropfenübergangszonen jeweils eine Abkühlungsfront ausbildet. Die beiden Abkühlungsfronten treffen sich in der Raupenmitte. Die Schweißraupe wird von zwei Seiten her aufgebaut. Dadurch ist es möglich, mit einem verhältnismäßig schmalen Band eine breite Schweißraupe mit ebener, glatter Oberfläche zu erzeugen. Bei hohen Stromstärken ist die Fiederung einfach geschwungen, es besteht nur eine Abkühlungsfront, die Schweißraupe wird von der Mitte her aufgebaut.

Die oben geschilderten Zusammenhänge sollen als Grundlage für die nachfolgenden Schweißversuche dienen und die Auswahl geeigneter Schweißparameter erleichtern.

5.2 Untersuchungsergebnisse beim Auftragschweißen unter Argon mit quer zur Schweißrichtung stehenden Bandelektroden verschiedener Legierungszusammensetzungen

5.2.1 Ergebnisse beim Plattieren mit austenitischer Cr-Ni-Stahlbandelektrode X3CrNiNb2413

Ausgehend von den Untersuchungen mit niedriglegierten Bändern wurden im Institut für Schweißtechnische Fertigungsverfahren der RWTH Aachen Versuche zum Auftragschweißen mit austenitischer Cr-Ni-Stahlbandelektrode unter Argon durchgeführt.

Vor der genauen Analyse einer ein- und mehrlagigen Schweißplattierung sollen die Einflüsse der wesentlichen Schweißparameter auf die Ausbildung der Schweißraupe beim Schutzgasschweißen mit austenitischer Stahl-Band-Elektrode unter Argon kurz zusammengefaßt dargestellt werden. Zum Vergleich werden die Ergebnisse von Schweißungen mit niedriglegierten Stahl-Bandelektroden (Tafel 1) der Querschnitts-Abmessungen 7 mm x 0,5 mm und 14 mm x 0,5 mm herangezogen. Die niedriglegierten Bandelektroden wurden bei sonst gleichen Bedingungen in einer Ar-CO_2-O_2-Mischgas-Atmosphäre abgeschmolzen. Wie bei allen Lichtbogenschweißverfahren hat die Schweißstromstärke den größten Einfluß auf die Ausbildung der Schweißraupe. Für alle drei betrachteten Bandelektroden steigt mit zunehmender Schweißstromstärke die Abschmelzleistung an (Bild 24), wobei sich für die austenitische Bandelektrode die günstigste Abschmelzleistung ergibt. Bei einer Schweißstromstärke von 400 A beträgt die Abschmelzleistung beim Schweißen mit austenitischer Stahl-Bandelektrode des Querschnitts 9 mm x 0,5 mm etwa 8 kg/h, während die Abschmelzleistung bei niedriglegierten Bandelektroden bei ebenfalls 400 A und den jeweiligen günstigsten Lichtbogenspannungen nur 7 kg/h (Querschnitt 7 mm x 0,5 mm) und 6 kg/h (Querschnitt 14 mm x 0,5 mm) beträgt. Neben einer hohen Abschmelzleistung ergeben sich für die mit austenitischer Stahl-Bandelektrode aufgetragenen Schweißraupen ebenfalls günstige Werte für Auftraghöhe und Einbrandtiefe (Bild 25), die besser als bei Schweißungen mit niedriglegierten Elektroden sind. So erreicht man z.B. mit einer Schweißstromstärke von 400 A eine Auftraghöhe von 5 mm bei einer größten Einbrandtiefe von 2,5 mm.

Die Breiten der austenitischen Schweißraupen liegen unter den Werten, die mit vergleichbaren niedriglegierten Stahl-Bandelektroden erzielt werden können, Bild 26. Während beim Schweißen mit niedriglegierten Bandelektroden die Schweißstromstärke über große Bereiche variabel ist, läßt sich für das Schweißen mit der austenitischen Bandelektrode der gewählten Abmessungen nur in einem sehr engen Stromstärkebereich (380...450 A unter den vorliegenden Bedingungen) ein ruhig brennender Lichtbogen und eine brauchbare Schweißraupe erzielen. Empfindlicher noch als auf Schwankungen der Schweißstromstärke reagieren die Lichtbogenbewegung und die daraus resultierende Ausbildung der Schweißraupe beim Schutzgas-Schweißen mit austenitischer Bandelektrode auf Veränderungen der Lichtbogenspannung. Deshalb erscheint es sinnvoll, mit einer Schweißstromquelle mit CP-Charakteristik zu arbeiten. Die verwendete Bandelektrode des Querschnitts 9 mm x 0,5 mm läßt sich nur bei einer Lichtbogenspannung von 32...33 V günstig schweißen. In diesem Spannungsbereich ergeben sich bei ruhig brennendem Lichtbogen eine für das Auftragschweißen günstige Raupenform und geringe Spritzverluste von etwa 5 bis 8 % des Zusatzwerkstoffes. Bei der Herstellung einer Schweißplattierung liegen die effektiven Spritzverluste wesentlich unter den Werten für die Einzelraupe, da die Spritzer seitlich der Schweißraupe und auf vorher geschweißten Raupen nicht entfernt werden brauchen und so in später geschweißte Raupen der gleichen Lage oder der nächsten Lage aufgenommen werden.

Die Schweißgeschwindigkeit ist bei günstigsten Einstelldaten für den Schweißstrom und die Lichtbogenspannung im Bereich von 10 bis 20 cm/min variabel. Dabei ändern sich im Gegensatz zum Schweißen mit niedriglegierten Stahl-Bandelektroden Raupenbreite und Einbrandtiefe nur unwesentlich, die Auftraghöhe nimmt jedoch mit steigender Schweißgeschwindigkeit stark ab.Mit der austenitischen Bandelektrode der Abmessungen 9 mm x 0,5 mm der Qualität X3CrNiNb2413 wurde mit den vorermittelten optimalen Schweißdaten auf einer Grundplatte aus St 37 eine dreilagige Schweißplattierung aufgetragen. Die Schweißdaten sind in Tafel 2 zusammengefaßt. Dabei wurden in der ersten Lage fünf, etwas kürzer in der zweiten Lage vier und wieder etwas kürzer in der dritten Lage drei Schweißraupen gelegt. Diese Anordnung der Schweißraupen ermöglichte die Auswertung der Schweißplattierung in einer, zwei und drei Lagen. Die folgenden Schweißraupen wurden jeweils erst dann aufgetragen, wenn das Grundblech auf eine Temperatur unter 100°C abgekühlt war. Die Schweißraupen überlappen sich jeweils um 8 bis 9 mm. Zur Untersuchung der Plattierung wurden aus der ein-, zwei- und dreilagigen Plattierung Makro- und Mikroschliffe, Proben für den Strauß-Test und Späne für die chemische Analyse ausgearbeitet. Die Querschliffe zeigen in allen drei Lagen eine gute Bindung und eine relativ glatte Oberfläche, die sich jedoch verfahrenstechnisch noch wesentlich verbessern läßt. In keiner der vielen hergestellten Makro- und Mikroschliff- und sonstigen Proben wurden Risse, Poren oder Bindefehler beobachtet.

Die Untersuchungen der sich ergebenden Gefügezusammensetzung sollen am Beispiel der Drei-Lagen-Schweißung dargestellt werden. Die Ergebnisse der Untersuchungen der ein- und zweilagigen Plattierungen verhalten sich analog. Bild 27 zeigt die Gefüge. Ausgehend vom Grundwerkstoff a folgt ein kontinuierlicher Übergang zur Perlitzerfallzone b, die wiederum kontinuierlich in die Feinkornzone c übergeht. In einer schmalen Zone unterhalb der Schmelzgrenze entsteht eine Grobkornzone mit Anzeichen von Widmannstätten-Gefüge d. Die erste Lage der Plattierung zeigt ein austenitisches Gefüge mit einem -Ferritgehalt von etwa 7% e,f. Die Ferrit-Gehalte wurden nach der Ausschneide-Methode aus stark vergrößerten Mikroaufnahmen bestimmt. Nach einem an der Erstarrungsstruktur erkennbaren Übergang von der ersten zur zweiten Lage g zeigt die zweite Lage ein austenitisches Gefüge mit etwa 10 % δ-Ferrit-Anteil h. Nach einer weiteren Übergangszone i steigt der Ferrit-Gehalt in der dritten Lage auf etwa 15 % bei k an. Nach einer 20 min langen Homogenisierungs-Glühbehandlung bei einer Temperatur von 1050°C kurz unterhalb der Lösungsglühtemperatur und anschließender Abkühlung an Luft zerfällt das feste Netz der δ-Ferriteinlagerungen.

Für die chemische Untersuchung der Schweißplattierung wurden Späne aus den oberen 3 mm jeder Lage entnommen. Die Ergebnisse der chemischen Analysen sind in Tafel 3 zusammengefaßt.
Zum Bestimmen der Ferritgehalte werden die aus den chemischen Analysen ermittelten Cr- und Ni-Äquivalente in das Schaeffler-Diagramm eingetragen. Es ergeben sich wiederum 7 bis 8% Ferrit in der ersten Lage (8), 10 % Ferrit in der zweiten Lage (9) und 11% Ferrit in der dritten Lage (10). Durch die chemischen Untersuchungen werden die Ergebnisse der Gefügeuntersuchungen und der theoretischen Ermittlung des Ferritgehaltes mit Hilfe des Auftragverhältnisses aus dem Schaeffler-Diagramm nochmals

bestätigt.

Die Härtemessungen an ein-, zwei- und dreilagigen Plattierungen zeigen sowohl im Schweißzustand als auch nach der Homogenisierungs-Glühbehandlung einen gleichmäßigen Härteverlauf ohne außergewöhnliche Spitzenwerte, Bild 28 bis Bild 30. Die Übergänge der einzelnen Schweißlagen sind in den Härteverläufen kaum erkennbar. Die Härte nach der Glühbehandlung ist gleichmäßiger und liegt im Mittel um 20 bis 30 kp/mm^2 unter den Werten für den Schweißzustand. Die im Kurvenverlauf der Härte nach der Glühbehandlung in Bild 28 und Bild 29 erkennbaren Härtespitzen unmittelbar vor dem Übergang zum Grundwerkstoff müssen auf eine Aufkohlung der Übergangszone aus dem Grundwerkstoff zurückgeführt werden.

Die Prüfung auf Beständigkeit gegen interkristalline Korrosion wurde mit Hilfe des Strauß-Tests durchgeführt. Dazu wurden die ein-, zwei- und dreilagigen Plattierungen im Schweißzustand zunächst soweit abgearbeitet, daß sie über die gesamte Breite eine glatte Oberfläche hatten - Nutzoberfläche -, danach wurde eine Probe von 2 mm Dicke abgeschnitten. Zur Verschärfung des Verfahrens bei niobstabilisierten austenitischen Werkstoffen nach Stahl-Eisen-Prüfblatt 1875-61; 2.24 wurden die Proben vor dem Kochen 15 min bei 650°C geglüht und an Luft abgekühlt. Die Proben zeigen bei Biegewinkeln von 90 bis 100° weder vor noch nach dem 15stündigen Kochen Anrisse. Damit sind die Plattierungen in einer, zwei und drei Lagen als beständig gegen interkristalline Korrosion anzusehen.

Zur exakten Untersuchung des Verhaltens der Hauptbestandteile der austenitischen Plattierung - Eisen, Chrom und Nickel - in der Übergangszone vom Grundwerkstoff zum aufgetragenen Schweißgut wurde eine Mikroanalyse mit der Elektronensonde durchgeführt. Diese Methode bietet im Gegensatz zur chemischen Analyse die Möglichkeit, auf kleinstem Raum, kontinuierlich über eine bestimmte Strecke, genaue Analysen zu erhalten. Bei den hier beschriebenen Messungen beträgt bei einer Beschleunigungsspannung des Elektronenstrahls von 25 kV der Strahldurchmesser 1,5 μm. Der Strahl regt jedoch eine etwas größere Zone zur Strahlung an, so daß die Messungen jeweils in einem Bereich mit einem Durchmesser von 9 bis 9,5 μm durchgeführt werden.

Die Chrom- und Nickelgehalte erreichen schon kurz oberhalb der Schmelzgrenze ihre endgültige Höhe, die sich bis zur Probenoberfläche nur noch unwesentlich ändert. Die Mikrosondenanalyse der Drei-Lagen-Plattierung mit austenitischer Cr-Ni-Stahl-Bandelektrode unter Argon bestätigt diese Aussagen. Innerhalb einer 20 bis 150 μm breiten Übergangszone zwischen Grundwerkstoff und Auftragschicht fällt der Eisengehalt und steigen die Chrom- und Nickelgehalte bis auf ihre endgültige Höhe an, Bild 31. Weitere Untersuchungen in der ersten, zweiten und dritten Lage der Plattierung ergeben nur unwesentliche Veränderungen.

Die Zone, in der die Grundwerkstoffzusammensetzung in die Zusammensetzung der Auftragschicht übergeht, ist im Mikroschliff erkennbar und erscheint nochmals unterteilt, Bild 32. Eine erste Untersuchung ergibt, daß die erkennbare Trennungslinie innerhalb der Übergangszone bei einem Chromgehalt von etwa 12 bis 14%

liegt. Die Ergebnisse der Mikroanalysen mit der Elektronensonde, die sowohl für Schutzgas- als auch analog für Unterpulver schweißungen durchgeführt wurden, stehen im Widerspruch zu veröffentlichten Ergebnissen chemischer Analysen, die einen Anstieg der Legierungselemente über die gesamte Raupenhöhe aufzeigen. Die Mikroanalysen müssen als genauer angesehen werden, da sie einen kontinuierlichen Verlauf der Zusammensetzung in Dickenrichtung aufzeigen und die Fehlerquellen bei diesem Verfahren geringer sind.

5.2.2 Ergebnisse beim Plattieren mit austenitischer Cr-Ni-Stahlbandelektrode X2CrNi2413

Mit austenitischer Cr-Ni-Stahlbandelektrode der Abmessung 10 mm x 0,5 mm unter Argon sind Auftragschweißungen mit Schweißstromstärken von 250 bis 500 A bei der Wahl geeigneter Lichtbogenspannungen ebenfalls möglich. Für einen ruhig brennenden Lichtbogen und eine spritzerfreie Schweißung muß die Lichtbogenspannung $\pm$ 1/2 V eingehalten werden. Dazu ist eine Schweißenergiequelle mit CP-Charakteristik erforderlich. Die Abmessungen und chemischen Analysen der verwendeten Werkstoffe enthält Tafel 4. Die erzielbaren Abschmelzleistungen liegen zwischen 4,5 und 10 kg/h (Bild 32). Bild 33 zeigt die Schweißraupenquerschnitte bei I = 290 A/U = 26,5 V und I = 400 A/U = 32 V bei einer Schweißgeschwindigkeit von etwa 14 cm/min. Bei konstanten Werten für Schweißstromstärke und Lichtbogenspannung (I = 400 A/U = 32 V) bleibt bei steigender Schweißgeschwindigkeit (v_s = 8 bis 15 cm/min) die Abschmelzleistung etwa konstant. Die Auftraghöhe sinkt geringfügig und die Einbrandtiefe hat bei einer Schweißgeschwindigkeit von etwa 10 cm/min ein Minimum. Die Schweißraupenbreite sinkt von über 40 mm bei v_s = 8 cm/min auf etwa 30 mm bei v_s = 15 cm/min. Das Auftragverhältnis hat einen günstigen Wert bei einer Schweißgeschwindigkeit von etwa 10 cm/min. Bild 34 zeigt den Einfluß der Schweißgeschwindigkeit auf den Schweißraupenquerschnitt. Im Schweißverhalten zeigen die Bandelektroden der Qualität X2CrNi2413 und X2CrNi2010 - beide sowohl unstabilisiert in ELC-Qualität als auch zusätzlich Nb-stabilisiert - keine wesentlichen Unterschiede. Zur Untersuchung des Verhaltens der Schweißplattierung wurde mit den unstabilisierten Bandelektroden bei günstigen Schweißdaten (I=400A/U = 32 V und v_s = 12 cm/min) eine zweilagige Flächenplattierung und eine zweilagige Rohraußenplattierung (Rohrdurchmesser = 150 mm) hergestellt (Bilder 35 und 36). Ferner wurde mit den Nb-stabilisierten Elektroden eine zweilagige Flächenplattierung geschweißt. Für die Schweißung der ersten Lage wurde die Bandelektrode der Qualität X2CrNiNb2413 verwendet, für die Schweißung der zweiten Lage die Bandelektrode der Qualität X2CrNiNb 2110.

Die Plattierung hat eine glatte kerben- und spritzerfreie Oberfläche. Die chemischen Analysen der Plattierungen sind in Tafel 5 zusammengefaßt. Bild 37 zeigt Mikroaufnahmen der Übergangszone vom Grundwerkstoff zur ersten Lage der Plattierung und einen Ausschnitt aus der ersten Lage. Sowohl die erste als auch

die zweite Lage bestehen aus einem austenitischen Grundgefüge mit etwa 8 bis 12 % δ-Ferrit.
Die Mikroanalyse mit der Elektronensonde der Übergangszone vom Grundwerkstoff zur ersten Lage des Auftrages zeigt, daß nach einer schmalen Aufmischungszone die auch im Mikroschliff (Bild 38) erkennbar ist, 200 μm oberhalb der Schmelzgrenze eine etwa konstante Analyse der ersten Lage der Plattierung erreicht ist (Bild 39). Die Prüfung der Beständigkeit gegen interkristalline Korrosion sowohl einer Probe aus der ersten als auch aus der zweiten Lage der Plattierung wurde mit Hilfe des Strauß-Tests durchgeführt. Bis zum geforderten Biegewinkel von 90° zeigten beide Proben keine Anrisse.

5.2.3 Ergebnisse beim Panzern mit Bandelektroden der Qualität X 40 Cr 13

Da die bisherigen Versuchsergebnisse zeigen, daß ein geringer Einbrand, angestrebt war ein maximaler Einbrand von höchstens 1 mm, bzw. ein Einbrandverhältnis von ca. 10 % am schwierigsten zu verwirklichen ist, wurde auch hier zur Erreichung dieses Ziels Argon als Schutzgas verwendet. Die chemische Analyse des Elektrodenwerkstoffes, die Schweißdaten und die Wärmebehandlung zeigt Tafel 7. Abbildung 40 zeigt den Makroschliff einer entsprechenden Panzerung.

Der maximale Einbrand beträgt 0,8 mm, das Einbrandverhältnis 11,8, d.h. es liegt 11,8 % Aufmischung vor. Das sind Ergebnisse, die denen beim UP-Bandplattieren durchaus vergleichbar sind. Diese Erscheinungen sind dadurch zu erklären, daß mit verhältnismäßig geringer Stromstärke gearbeitet wird und bei Argon die Oberflächenspannung des entstehenden Tropfens sehr groß ist. Aufgrund dieser Tatsache entstehen große Tropfen, der Druck des Lichtbogens auf das Schmelzgut ist wegen der relativ niedrigen Stromstärke klein und das Schmelzbad ist weniger heiß und dadurch sehr zäh, Erscheinungen, die durch Hochgeschwindigkeitsaufnahmen belegt werden konnten. Der Lichtbogen ist wegen der beschriebenen Vorgänge nicht in der Lage, durch die Pufferzone des zähen Schmelzbades den Grundwerkstoff tief aufzuschmelzen, wodurch dann die beschriebenen günstigen Einbrandverhältnisse erreicht werden können.

Die Schweißgeschwindigkeit (in Vorversuchen optimiert) betrug 15 cm/min, die Abschmelzleistung 6 kg/h.

Die Raupenoberfläche ist metallisch blank, es sind keine Oxydationserscheinungen zu beobachten. Die Fiederung ist sehr grob (siehe Abb. 41) und läßt dadurch ebenfalls auf ein sehr zähes Schmelzbad schließen. Die Raupengeometrie eignet sich zum Plattieren (Raupenhöhe 4,8 mm, Raupenbreite 26 mm). Spritzer traten bei diesem Prozeßablauf keine auf, wie Abbildung 42 zeigt, entstehen allerdings neben der eigentlichen Raupe Auswaschungen von Auftragwerkstoff. Hochgeschwindigkeitsfilme ließen erkennen, daß diese Auswaschungen dann zustande kommen, wenn der Lichtbogen von der Bandkante auf den Raupenrandbereich brennt und in dieser Zeit ein dicker Tropfen (bis zu ca. 2 mm Durchmesser) übergeht, der eine Wellenbewegung im Schmelzbad hervorruft, die die in Abbildung 42 zu sehenden Auswaschungen im Randbereich verursacht.

Röntgenaufnahmen der erstellten Raupen ließen keinerlei Fehlstellen erkennen. Der Härteverlauf senkrecht zur Oberfläche ist in Abbildung 43 wiedergegeben. Danach werden im Auftragwerkstoff Härtegrade von HV5 = 680 kp/mm^2 erreicht ohne Wärmebehandlung. Abbildung 44, 45 und 46 zeigen Mikroaufnahmen der Auftragschweißung. Die drei Aufnahmen stammen aus dem oberen, dem mittleren Bereich der Panzerung und aus der Übergangszone (Abb. 46) zum Grundwerkstoff. Daraus ist zu erkennen, daß ein martensitisches Gefüge vorliegt, Poren oder Fehlstellen sind keine festzustellen.
Die bisher beschriebenen Ergebnisse lassen das Schweißargon als ideales Schutzgas zum Erstellen von Auftragschweißungen erscheinen. Dagegen sprechen allerdings einige Gesichtspunkte, die im folgenden näher erläutert werden sollen.
Die Spannungs- und Stromschwankungen sind bei keinem anderen Schutzgas so groß wie bei Argon. Diese Erscheinung beruht auf der Größe der übergehenden Tropfen, die in starkem Maße die Lichtbogenlänge und -bewegungen beeinflußt und so zu einem sehr ungleichmäßigen und unruhigen Prozeßablauf führt (Abb. 47).
Der sehr grobtropfige Werkstoffübergang bewirkt sogar neben der sehr groben Schuppung (bei den verwendeten niedrigen Stromstärken) ein Abbrechen und Wiederzünden des Prozesses, was sich auf Raupengeometrie, -oberfläche und Spritzerbildung und außerdem auf die Schweißsicherheit und Reproduzierbarkeit der Ergebnisse sehr negativ auswirkt. Dies ist vor allen Dingen dann der Fall, wenn man bestrebt ist, mit möglichst kurzem Lichtbogen (ca. 5 mm) zu schweißen, um das weite Hinauspendeln des Lichtbogens an der Bandkante zu begrenzen, um so positiv auf die Spritzerbildung Einfluß nehmen zu können.

Zur Lösung des Problems, das sich bei allen bisher verwendeten Elektrodenwerkstoffen und bei zunehmender Bandelektrodenbreite immer stärker bemerkbar macht gibt es verschiedene Möglichkeiten. Zunächst ist es möglich mit höheren Stromstärken zu schweißen, um den Tropfenübergang feiner zu gestalten und die Tropfenfrequenz zu erhöhen. Diese Vorgehensweise führt zum Erfolg was den ruhigen Prozeßablauf angeht, allerdings bleibt die Raupe sehr grob geschuppt und der ursprünglich angestrebte flache Einbrand wird tiefer.

Eine andere Möglichkeit zur Lösung dieser Probleme besteht darin, dem Argon andere Gaskomponenten zuzumischen, z.B. Sauerstoff oder Wasserstoff, um bei gleichbleibend geringem Einbrand die Raupenoberfläche zu glätten und den Prozeßablauf ruhig zu gestalten durch feinere Tropfenübergänge. Diese Vorgehensweise wurde zunächst gewählt. Die Ergebnisse im einzelnen sind im folgenden Abschnitt näher beschrieben.

5.3 Untersuchungsergebnisse beim Auftragschweißen mit quer zur Schweißrichtung stehender Bandelektrode unter verschiedenen Schutzgasgemischen

5.3.1 Versuchsergebnisse bei Verwendung von Ar-O_2 Schutzgasgemischen

Ausgehend von den vorausgegangenen Untersuchungen sollte versucht werden, die Qualität der Auftragschweißung hinsichtlich Spritzerfreiheit, Raupengeometrie und -oberfläche sowie Abschmelzleistung zu verbessern. Als Richtwert für ein brauchbares Einbrandverhältnis beim Plattieren kann das beim Unterpulverschweißen mit vergleichbaren Bändern erzielte Ergebnis von etwa 0,12 (12 % Aufmischung) gelten. Hierbei ist jedoch zu beachten, daß eine Auflegierung des Schweißgutes, wie beim UP-Schweißen, durch Pulver zur Minderung der Aufmischungs- und Abbrandverluste beim Schutzgasschweißen nicht möglich ist. Dies kann besonders bei hochlegierten Bändern für korrosionsfeste bzw. verschleißfeste Plattierungen nachteilig sein, da eine Kompensation dieser Verluste bereits in der Legierungszusammensetzung der Elektrode berücksichtigt werden muß. Deshalb sollte trotz zu erwartender Schwierigkeiten für den Prozeßablauf versucht werden, zur Erweiterung der Einsatzmöglichkeiten das Aufmischungsverhältnis weiter abzusenken. Dieser Forderung steht entgegen, daß mit Einschränkungen eine Variation der Schweißparameter im Sinne einer Verminderung des Einbrandverhältnisses eine Vermehrung der Spritzerbildung bedeutet (Bild 43).

5.3.1.1 Versuche zum Panzern mit Bandelektrode X 40 Cr 13

In der folgenden Versuchsserie wurde dem Argon successive in steigendem Maße Sauerstoff zugemischt und zwar ausgehend von 0,5 % bis zu 5 %.
Schon bei einem Zusatz von 0,5 % Sauerstoff lassen sich die Auswirkungen deutlich erkennen. Der Tropfenübergang wird wesentlich feiner und dadurch der Prozeß erheblich ruhiger (Abb. 46). Darüberhinaus ist der Strom- und Spannungsbereich, in dem störungsfrei gearbeitet werden kann, wesentlich größer d.h., man kann die Lichtbogenlänge in weiten Bereichen verändern, ohne daß es zum Verlöschen oder Eintauchen der Elektrode in das Schmelzbad kommt. Den Querschliff einer Panzerung unter Argon S 0,5 mit 10 mm breiter Bandelektrode bei 240 A Schweißstrom und 27 V Schweißspannung zeigt Bild 45.
Es liegt 12 % Aufmischung vor (240 A, 27 V). Die Abschmelzleistung beträgt 5,6 kg/h und liegt damit in der gleichen Größenordnung wie bei Argon. Die Röntgenanalyse zeigt keinerlei Fehlstellen. Die Raupengeometrie eignet sich zum Plattieren (Raupenhöhe 3,8 mm, Raupenbreite 22 mm).

Die oben beschriebenen Ergebnisse lassen erkennen, daß durch geringfügige Sauerstoffzusätze zum Argon sich die Nachteile der Argonschweißung weitgehend beseitigen lassen, ohne daß die Vorteile verlorengehen. Der Prozeß läuft ruhig ab, auch wenn mit relativ kurzem Lichtbogen geschweißt wird (ca. 5 mm) und die Raupenoberfläche ist feiner geschuppt, dabei bleibt der geringe Einbrand erhalten. Steigert man den Sauerstoffzusatz weiter bis zu 5 %, dann wird der Prozeß in zunehmendem Maße ruhiger, d.h. die Strom- und Spannungsschwankungen werden kleiner. Der Strom- und Spannungsbereich, in dem störungsfrei gearbeitet werden kann, wird immer größer und reicht bei Argon S 5 etwa von 280 A (bei 26 V) bis zu 700 A (bei 34 V). Allerdings sind darüberhinaus Auswirkungen zu beobachten, die einen hohen Sauerstoffanteil ($<$ 1 %) im Schutzgas für die Auftragschweißung ungeeignet erscheinen lassen.

Abbildung 49 zeigt den Makroschliff einer Auftragraupe, geschweißt mit 5 % Sauerstoffzusatz. Der maximale Einbrand beträgt demnach 2 mm, das Einbrandverhältnis 0,22, d.h. 22 % Aufmischung liegt vor, die auch durch die Verwendung eines niedrigeren Energieniveaus nicht wesentlich zu reduzieren ist. Die Abschmelzleistung beträgt 11 kg/h und ist entgegen der Argonschweißung problemlos auf 20 kg/h zu steigern. Dabei weist die entstehende Raupe an der Oberfläche Oxyde auf, die nur sehr schwierig zu beseitigen sind. Außerdem treten Spritzer auf, deren Entstehung im Hochgeschwindigkeitsfilm beobachtet wurden und demnach auf Explosionen von größeren Tropfen beruhen. Wegen des zu tiefen Einbrandes und der starken Oxydbildung sollte man demnach den Sauerstoffanteil im Schutzgas auf 0,2 % bis 0,5 % begrenzen.

Will man eine höhere Beschichtungsleistung erhalten, sollte man zu breiteren Bändern übergehen. Röntgenaufnahmen zeigen auch bei höheren Sauerstoffanteilen im Schutzgas keinerlei Fehlstellen.

Die Abbildungen 47, 48 und 49 zeigen Mikroaufnahmen einer Panzerung, erstellt unter Argon S 5. Die drei Aufnahmen stammen aus dem oberen, dem mittleren Bereich der Raupe und aus der Übergangszone (Abb. 49) zum Grundwerkstoff. Das martensitische Gefüge (besonders deutlich in Abb. 49) und die Verteilung des δ-Ferrits unterscheiden sich nur unwesentlich von den Ergebnissen unter Schweißargon. Auch hier sind bei 200-facher Vergrößerung keinerlei Poren oder Fehlstellen zu erkennen.
Bild 50 zeigt eine Rohraußenpanzerung, erstellt unter Argon S 5. Auch hier ist das relativ ungünstige Einbrandprofil deutlich zu erkennen. Dies gilt ebenfalls bei Verwendung von X 8 Cr 17 oder austenitischen Cr-Ni-Stahlbandelektroden (Bild 51 und 52). Im allgemeinen gestaltete sich die Plattierung und Panzerung von Rohren bis 100 mm Durchmesser problemlos, wenn die Rohre von innen wassergekühlt wurden.

Da wie oben beschrieben die günstigsten Ergebnisse unter Argon S 0,5 erzielt werden konnten, wurden unter diesem Schutzgas mit 15 mm breiten Elektroden Versuche durchgeführt, um die Beschichtungsleistung gegenüber der 10 mm breiten Elektrode zu steigern. Die Schweißgeschwindigkeit betrug ca. 15 cm/min, die Abschmelzleistung 10 kg/h bei 360 A und 28 V.

Die Raupenoberfläche weist eine deutliche Fiederung auf, die auf ein zähes Schmelzbad schließen läßt. Diese Tatsache wird bestätigt durch den relativ geringen auftretenden Einbrand, der in etwa bei 9 % liegt. Bild 53 zeigt einen Querschliff der unter den oben genannten Bedingungen geschweißten Raupe (Raupenhöhe 4,5 mm, Raupenbreite 29 mm, maximaler Einbrand 1,1 mm). Demnach ließe sich sagen, daß der Übergang von einer 10 mm breiten zu einer 15 mm breiten Bandelektrode problemlos vonstatten ginge, wenn sich dabei nicht eine Erscheinung sehr negativ bemerkbar machen würde und das ist die drastisch vermehrt auftretende Spritzerbildung.

Ist man sich über den Entstehungsmechanismus der hier auftretenden Spritzer im klaren, ist diese Erscheinung auch zu erklären. Da die Heftigkeit der Lichtbogenbewegung für die hier auftretenden Spritzer im wesentlichen verantwortlich ist, war von vorneherein bei breiteren Elektroden eine verstärkt auftretende Spritzerbildung zu erwarten. Für die hier verwendeten

Elektrodenwerkstoffe galt es, nun nach anderen Möglichkeiten zu suchen, die trotz höherer Schweißstromstärke, wie sie zum Verschweißen breiterer Bänder benötigt wird, eine weitgehend spritzerfreie Auftragschweißung ermöglichen. Vorher wurden allerdings die gleichen Untersuchungen noch für einen anderen Elektrodenwerkstoff durchgeführt, um diese wichtigen Zusammenhänge in Bezug auf die Schutzgaszusammensetzung zu bestätigen und abzusichern.

5.3.1.2 Versuche zum Plattieren mit Bandelektroden X 8 Cr 17

Bei Verwendung von Argon S 1 zum Auftragschweißen mit einer Bandelektrode X 8 Cr 17 ist eine gute Prozeßstabilität, eine geeignete Raupengeometrie und -oberfläche, eine hohe erreichbare Abschmelzleistung bei geringer Spritzerbildung sowie ein relativ breites, verwendbares Parameterspektrum mit Stromstärken zwischen 350 und 500 A bei 27,5 bis 29,5 V Schweißspannung und 14 cm/min Vorschubgeschwindigkeit zu erwarten.
Diese Werte gelten bei Verwendung einer Bandelektrode X 8 Cr 17 der Abmessungen 20 mm x 0,5 mm (Tafel 8). Um möglichst spritzerfreie Plattierungen zu erzielen, muß der Lichtbogen möglichst kurz gehalten werden, da wie schon beschrieben mit zunehmender Länge auch eine Erweiterung der Pendelbewegung des badseitigen Fußpunktes über die seitliche Bandkante hinaus erfolgt. Andererseits müssen Kurzschlüsse weitgehend vermieden werden. Der unter diesen Umständen zu erwartende Einbrand ist relativ groß und weder durch Erhöhung der Schweißgeschwindigkeit noch durch Änderungen des Energieangebots, wobei die Stromstärke den entscheidenden Einfluß hat, ausreichend günstig zu beeinflussen. Bei geeigneter Raupengeometrie lassen sich demnach Aufmischungen unter 15 % nicht erreichen, so daß diese Probleme nur durch Änderung der Schweißtechnologie oder Schutzgaszusammensetzung gelöst werden können.
Nach diesen Überlegungen bietet sich Argon (Reinheitsgrad 99,99%) als Schutzgas an. Entsprechende Versuche ergaben bei den in Tafel 8 beschriebenen Schweißparametern geringe Aufmischungen von etwa 7 bis 11 %, vergleichbar den unter 5.2 bereits beschriebenen Ergebnissen. Die Abbrandverluste sind erwartungsgemäß ebenfalls sehr klein und die Raupenoberfläche nahezu metallisch blank und frei von Oxyden. Allerdings ist die Fiederung sehr grob und die Raupenbegrenzung unregelmäßig.
Der Hauptnachteil jedoch besteht in dem schwer zu beherrschenden unruhigen Prozeßablauf mit Spannungsschwankungen von $\pm$ 1,5 V (Stromschwankungen $\pm$ 70 A) bei sehr eng begrenzten geeigneten Schweißparametern. Diese Prozeßunruhe geht wie auch bei Verwendung anderer Werkstoffe und Bandabmessungen (5.2) soweit, daß bei Übergang eines großen Tropfens der Lichtbogen ganz abreißt und explosionsartig neu zündet, was sich in einer verstärkten Spritzerbildung und einer ungleichmäßigen Raupengeometrie bemerkbar macht. Die Gründe für diese Auswirkungen liegen in der geringen Wärmeleitfähigkeit von Argon, der dadurch bedingten Lichtbogenausbildung und dem grobtropfigen Werkstoffübergang aufgrund großer Oberflächenspannungen der Tropfen.
Stellt man die Vor- und Nachteile dieser beiden Schutzgase (Argon und Argon S 1) einander gegenüber, so liegt es nahe, auch hier nach Möglichkeit die Vorteile beider Schutzgase durch eine geeignete Mischung miteinander zu verbinden. Die Versuche haben ergeben, daß die untere Grenze für eine ausreichende Prozeßstabilität bei einem Mischungsverhältnis von Argon zu Argon S 1 wie 1:1 liegt, was in etwa einem Schutzgas Argon S 0,5 entsprechen würde. Der Charakter der Argonschweißung im Hinblick

auf Einbrand und Abbrandverluste bleibt im wesentlichen erhalten; mit den kleiner werdenden Tropfen und der dadurch bedingten erhöhten Tropfenfrequenz und der dünnflüssigeren Schmelze wird die Fiederung feiner und der Prozeßablauf wesentlich ruhiger und gleichmäßiger. Diese Vorteile werden ergänzt durch die Möglichkeit, die Auftragschweißungen mit dem 20 mm breiten Band in einem breiteren geeigneten Parameterspektrum durchführen zu können. Die Tafel 8 zeigt Abbrandverluste, Aufmischung und Raupengeometrie im Vergleich zu den Schweißungen unter Argon S 1 und Argon. Bild 54 läßt erkennen, daß bei dieser Gasmischung auf der Raupenoberfläche keine Oxyde auftreten. Der günstige Einfluß dieser Schutzgaszusammensetzung auf die Einbrandverhältnisse wird besonders deutlich in Bild 55, dem Makroschliff einer Plattierung unter Argon S 0,5 mit 20 mm breiter Bandelektrode X 8 Cr 17, erstellt mit den in Tafel 8 enthaltenen Schweißdaten.

Der Nachteil bei dieser Schutzgaszusammensetzung ist, daß es sich um kein handelsübliches Gas handelt und so ein zusätzlicher Aufwand zum Erstellen der Gasmischung nötig ist. Versuche mit breiteren Bandelektroden zeigen, daß eine Verbreiterung der Bänder in Verbindung mit geringerer spezifischer Strombelastung eine Erhöhung des Sauerstoffanteils erlauben, ohne das Aufmischungsverhältnis zu erhöhen. Schon 40 mm breite Bandelektroden dürften bei 600 A Schweißstrom, etwa 30 V Lichtbogenspannung und 14 cm/min Vorschubgeschwindigkeit bei vergleichbarem Einbrand unter Argon S 1 zu schweißen sein.
Da spritzerfreie Auftragungen bei den angegebenen Schweißparametern nicht gewährleistet werden konnten, wurden für den Elektrodenwerkstoff X 8 Cr 17 bei Querstellung des Bandes die beeinflußbaren Schweißparameter variiert.

Schweißversuche wurden sowohl mit 15 mm als auch mit 20 mm breiter Bandelektrode durchgeführt. Qualitativ stimmen die Ergebnisse für den Einfluß von Strom und Spannung bei den unterschiedlichen Bandabmessungen überein, so daß die Darstellung der Zusammenhänge in diesem Kapitel auf das 20 mm Band beschränkt werden kann. Variiert wurden die Strom- und Spannungswerte in den Bereichen von 26 - 32 V bzw. 300 - 700 A. Wie schon vorher erwähnt, treten gerade bei dieser Teiluntersuchung Schwierigkeiten auf, zu einem vernünftigen Kompromiß hinsichtlich einer spritzerarmen bzw. spritzerfreien Raupe bei geringem Einbrand zu gelangen. Bei geringer Schweißspannung und genügendem Schweißstromangebot pendelt der Lichtbogen, wegen seiner Kürze nicht über das Schmelzbad hinaus. Tropfen, die innerhalb des wandernden Lichtbogens angeschmolzen werden, haben nach ihrem Ablösen auch eine Geschwindigkeitskomponente senkrecht zur Bandachse. Es liegen nun zwei Gründe vor, warum die Wahrscheinlichkeit zur Spritzerbildung geringer wird: zum ersten ist die Auswirkung des kurzen Lichtbogens eine höhere Lichtbogengeschwindigkeit entlang der Bandkante; dies hat zur Folge, daß ein Tropfen aufgrund seiner Trägheit nicht mehr so leicht dem Lichtbogen folgen kann und demzufolge auch nicht so weit von der Bandelektrode weggeschleudert werden kann und somit im Schmelzbad landet oder, fällt er nach vorne, von diesem wieder aufgeschmolzen wird. Zum zweiten wird ein an der Bandkante befindlicher Tropfen durch die vorher beschriebenen Vorgänge großvolumiger, wodurch die Möglichkeit außerhalb der sich bildenden Raupe zu landen geringer wird. Bei Schweißungen in diesem Bereich, ein kurzschlußfreier Prozeßablauf vorausgesetzt, kann spritzerarm gearbeitet werden (Bild 56).

Nachteilig wirkt sich bei diesen Einstellungen jedoch der höhere Lichtbogendruck und die starke Badbewegung aus, die den Einbrand und damit das Aufmischungsverhältnis ansteigen lassen.

Bei steigender Schweißspannung und damit länger werdendem Lichtbogen nimmt die Raupenbreite das Maß des weiter auspendelnden Lichtbogens ein. Die pro Flächeneinheit aufgebrachte Wärmemenge sinkt, der Lichtbogendruck nimmt ab, und damit auch das Aufmischungsverhältnis (Bild 57). Aus diesem Diagramm wird deutlich, daß bei einer Steigerung des Schweißstromes zur Erhöhung der Abschmelzleistung eine erhebliche Vergrößerung des Spannungsangebotes notwendig wird, sollen ähnliche Aufmischungsverhältnisse erzielt werden, was natürlich nur in sehr engen Grenzen möglich ist. Daß die Spritzerbildung durch die kleiner werdenden Tropfen zunimmt, läßt sich aus dem anfangs Gesagten herleiten. Bild 58 zeigt die zu erwartende Auftraghöhe als Funktion der Schweißspannung.

Der grundsätzliche Verlauf der Aufmischung als Funktion der Schweißgeschwindigkeit ist aus der Literatur bekannt. Da sich jedoch Form und Lage der Kurven mit dem Prozeß und den geänderten Parametern verschieben, müssen bei Optimierung der Ergebnisse die Tendenzen der Kurvenschar bekannt sein. Bild 59 zeigt für die Werte U = 29 V; I = 425 A und b = 15 mm einen ausgeprägten Sattelpunkt bei etwa 15 cm/min. Nur in diesem Bereich kann mit einer minimalen Aufmischung gerechnet werden. Dem steilen Anstieg mit nachfolgendem Maximum schließt sich ein Bereich sinkender Aufmischung bei zunehmender Schweißgeschwindigkeit an. Dieser Teil des Diagramms hat nur theoretische Bedeutung, da die erzeugte Raupe für das wirtschaftliche Plattieren zu flach und zu schmal bzw. nicht mehr zusammenhängend ist. Diese Tatsache geht auch aus Bild 60 hervor, welches die Auftragsquerschnittsfläche Aq in Abhängigkeit von der Schweißgeschwindigkeit darstellt und erwartungsgemäß in dem betrachteten Bereich einen quasilinearen Verlauf aufweist.

Der Einfluß der Vorschubgeschwindigkeit auf die Spritzerbildung ist von untergeordneter Bedeutung (Bild 61); er besteht lediglich darin, daß unterhalb einer bestimmten Grenzgeschwindigkeit die Raupe derart breit wird, daß der Lichtbogen nicht mehr über das Schmelzbad hinauspendelt, und somit die Spritzerbildung erheblich eingeschränkt wird. Dieses Geschwindigkeitsfeld liegt jedoch im Bereich erhöhter Aufmischung und ist aus diesem Grund für die Anwendung auszuschließen. Außerdem wird das Schmelzbad stark überhitzt. Oberhalb einer bestimmten Vorschubgeschwindigkeit (ca. 18 cm/min) wird die entstehende Raupe sehr schmal, eignet sich von der Geometrie her nicht mehr so gut zum Plattieren und ist stark spritzerbehaftet.
Diese Ergebnisse bestätigen die mit anderen Werkstoffen und Schutzgasen gewonnenen Erkenntnisse (5.2, 5.3) in vollem Umfang. Demnach wird aus diesen gesamten Zusammenhängen deutlich, daß man sich beim Auftragschweißen auch bei Verwendung von Argon S 0,5 als Schutzgas in einem sehr engen Parameterbereich bewegen muß, um gute Ergebnisse zu erzielen, die im Hinblick auf Prozeßstabilität, Einbrand, Spritzerbildung, Raupengeometrie und Auftragshöhe befriedigen. Aus diesem Grunde ist es besonders wichtig, dieses enge Parameterspektrum mit allen zur Verfügung stehenden Mitteln zu erweitern. Deshalb wurde auf eine optimale Schutzgaszusammensetzung, Bandelektrodenstellung und die Auswirkungen der Bandbreite auf das Schweißergebnis so großer Wert gelegt.

Zum Erstellen der Beschichtungen wurden die 20 mm breiten Bandelektroden verwendet, um eine gute Beschichtungsleistung zu erreichen. Die Schweißdaten enthält Tafel 8. Dabei wurde mit einem freien Bandende von ca. 20 mm gearbeitet. In bezug auf Einbrandverhalten, Raupengeometrie und -oberfläche konnten die gestellten Anforderungen erfüllt werden.
Allerdings sind bei quergestellter 20 mm breiter Elektrode bei keiner der untersuchten Schutzgaszusammensetzungen und Werkstoffe spritzerfreie Raupen zu erreichen, so daß zur Lösung dieses Problems eine Änderung der Technologie erforderlich ist. Dazu gibt es drei Wege: die Lichtbogen- und Tropfenbewegung gezielt durch Schutzgasströmungen oder zeitlich veränderliche Zusatzmagnetfelder zu beeinflussen oder durch Änderung der Bandelektrodenstellung zu erreichen, daß eventuell auftretende Spritzer von der nachfolgenden Raupe aufgenommen werden.

5.4 Untersuchungsergebnisse beim Auftragschweißen unter Argon S 0,5 und verschiedenen Stellungen der Bandelektrode

5.4.1 Ergebnisse bei Parallelstellung der Bandelektrode zur Schweißrichtung

Es ist bekannt /5/, daß bei Längsstellung der Elektrode zur Schweißrichtung die entstehenden Raupen spritzerfrei sind, aufgrund der Tatsache, daß die auftretenden Spritzer infolge der Lichtbogenbewegungen entweder vorgelegt und wieder aufgeschmolzen werden oder direkt in das Schmelzbad übergehen.
Die Angaben über Einbrand, Raupengeometrie und Schweißdaten bei dieser Versuchsanordnung enthält Tafel 9. Bild 62 zeigt den Makroschliff einer entsprechenden Schweißraupe und Bild 63 die Oberfläche. Erwartungsgemäß ist die Raupe frei von Spritzern außerdem ist die Aufmischung mit 11,5 % erstaunlich niedrig. Hochgeschwindigkeitsfilmaufnahmen zeigen, daß bei Längsstellung der Elektrode die Lichtbogenbewegung der bei Querstellung entspricht, d.h. der Lichtbogen pendelt über die Bandkante hinaus und steht im Umkehrpunkt seiner Bewegung unter etwa 45° stechend von der vorderen Bandkante aus (Bild 64). Dieses Verhalten, das sich erst bei Schweißgeschwindigkeiten über 120 cm/min ändert, bewirkt, daß der Lichtbogen aufgeschmolzenen Elektrodenwerkstoff vor sich herschiebt und damit vornehmlich auf das als Puffer wirkende Schmelzbad brennt, entsprechend dem Prozeßablauf bei einer unter 45° stechend gefahrenen Drahtelektrode und somit keinen tiefen Einbrand erzeugen kann. Von den Spritzerverlusten und dem Einbrand her bietet sich diese technologische Variante zum Auftragschweißen an, allerdings eignet sich die Raupengeometrie nur wenig zum Plattieren. Es entstehen sehr ungleichmäßige, wellige Beschichtungen, die sich grundsätzlich nicht von denen bei Verwendung von Drahtelektroden unterscheiden. Demgegenüber sind bei Querstellung der Bandelektrode wie schon erwähnt Aufmischung und Raupengeometrie zum Plattieren wesentlich günstiger, im Gegensatz zur Längsschweißung ist aber eine spritzerfreie Auftragung bei den gewählten Bandabmessungen nicht zu verwirklichen.

5.4.2 Ergebnisse bei Schrägstellung der Bandelektrode

Mit Hilfe der Hochgeschwindigkeitsfotografie konnte zwischen den Extremstellungen quer und parallel zur Schweißrichtung ein brauchbarer Kompromiß gefunden werden, der den ansonsten schmalen Bereich spritzerarmer Schweißungen, bei optimalen Strom- und Spannungswerten, erweitert. Wie die folgenden Versuche erwiesen, sollte dieser Winkel etwa 30° zur Schweißrichtung betragen. Bei einer solchen Anordnung ergeben sich asymmetrische Prozeßverhältnisse, da der Lichtbogen im vorderen Teil der Elektrode- also auch im Bereich einer Raupenhälfte - stechend zum Teil auf das Grundmaterial brennt, während er am übrigen Teil auf das Schmelzbad gerichtet ist. Dadurch entsteht ein leicht unsymmetrischer Einbrand, der sich bei der hier bestehenden geringen Aufmischung allerdings kaum bemerkbar macht (Bild 65). Bei einer solchen Anordnung verringert sich bei vergleichbaren Schweißparametern die Raupenbreite gegenüber der Querstellung nur geringfügig, so daß eventuell auftretende Spritzer in Richtung der Bandachse, die jetzt quer zur Schweißrichtung gesehen in einem engeren Bereich liegen, durch die relativ breite Raupe aufgenommen werden. Oberfläche und Makroschliff einer unter diesen Bedingungen mit den in Tafel 9 enthaltenen Schweißparametern erstellten Einzelraupe zeigen Bild 66 und 67.

5.5 Erstellen von Beschichtungen bei Schrägstellung der Bandelektrode unter Argon S 0,5 und günstigen Schweißparametern

Unter Berücksichtigung der vorher beschriebenen Ergebnisse und Abhängigkeiten wurden einlagige Schweißplattierungen mit dem 20 mm breiten Band der Qualität X 8 Cr 17 erstellt. Hierbei zeigt es sich, daß innerhalb der ausgearbeiteten Grenzen spritzerfreie Plattierungen geschweißt werden konnten und zwar sowohl unter Argon S 1 (Bild 66) als auch unter Argon S 0,5 (Bild 67), wobei die gestellten Anforderungen an das Einbrandverhalten nur unter Argon S 0,5 zu erfüllen sind (Bild 68). Wurden dennoch kurzzeitig die optimalen Parameter für den jeweiligen Prozeß verlassen, traten nur Spritzer zu derjenigen Seite auf, welche von der nachfolgenden Raupe aufgeschmolzen wurde, und die damit die Spritzer verschwinden ließ.

Die unsymmetrische Raupengeometrie infolge der 30°-Bandstellung läßt die Wahl, ob beim Plattieren mit der steileren Flanke die flachere der vorhergehenden Raupe überlappt werden soll oder umgekehrt, d.h., ob mit dem im vorderen Bereich stechenden oder im hinteren Bereich schleppenden Lichtbogen die bereits bestehende Raupe aufgeschmolzen wird. Die erste Möglichkeit erwies sich im Hinblick auf die Oberflächengüte der Beschichtung und das Gesamtaufmischungsverhältnis am günstigsten. Diese Auswirkung auf den Einbrand erklärt sich durch die Tatsache, daß im Bereich der steileren Flanke und damit auch im Bereich des schleppenden Lichtbogens immer der größere Einbrand vorhanden ist. Wird nun in diesem Bereich durch zusätzliches Aufschmelzen der Nachbarraupe Energie gebunden, führt dies zu einer Abnahme des Gesamtaufmischungsverhältnisses von etwa 2 %. Ein Beispiel stellt die Plattierung in Bild 68 dar, bei der alle Einzelraupen mit gleichen Daten geschweißt wurden. Hierdurch erklärt sich das im Vergleich zu den Einzelraupen noch günstigere Aufmischungsverhältnis von ca. 7 % (Bild 68). Geschweißt wurde wie bei allen anderen Beschichtungen auch jeweils auf unter 50°C abgekühlten Grundwerkstoff, da eine höhere Vorwärmung den Einbrand drastisch vergrößert, außerdem kommt dem freien Bandende eine entscheidende Bedeutung zu, was Prozeßstabilität und Abschmelzleistung angeht. Für das 20 mm breite Band wurde in Vorversuchen ein optimaler Wert von ca. 20 mm ermittelt. Dieser Wert entspricht in etwa 10 x dem Durchmesser eines Drahtes mit entsprechendem Querschnitt. Dieser beim Drahtschweißen übliche Richtwert gilt also auch für das Schweißen mit Bandelektroden. Eine Steigerung des freien Bandendes erhöht zwar die Abschmelz- und damit eine Beschichtungsleistung führt aber zu einem wesentlich unruhigeren Prozeßablauf, während eine weitere Verkürzung keinen nennenswerten Einfluß auf die Prozeßstabilität hat. Die hier gezeigten günstigen Ergebnisse sind nur zu erreichen bei Beachtung dieser Vorbedingungen und einem Zusammenwirken der oben beschriebenen Faktoren, optimale Schutzgasführung, -zusammensetzung und Bandstellung sowie die Wahl geeigneter Schweißparameter.

Um die optimalen Daten noch einmal zusammenzufassen:
Die günstigsten Ergebnisse ließen sich erzielen mit dem Band der Abmessungen 20 mm x 0,5 mm bei 420 - 440 A Schweißstromstärke und 28 V Spannung bei 14 cm/min Vorschubgeschwindigkeit unter Argon S 0,5 bei 30° Schrägstellung des Bandes gegenüber der Schweißrichtung. Da etwa 5 - 7 mm überlappt werden muß, um eine ebene Oberfläche zu erhalten, beträgt die Beschichtungsleistung demnach etwa 30 cm^2/min (0,18 m^2/h). Diese Ergebnisse lassen sich auf alle hier untersuchten Elektrodenwerkstoffe übertragen. Unter der spezifischen Strombelastung von i_s=44 A/mm^2 bei ansonsten konstanten Parametern sind auch mit 10 und 15 mm breiten Bandelektroden ähnlich gute Ergebnisse zu erzielen. Allerdings sind die Abschmelz- und damit die Beschichtungsleistungen entsprechend geringer.

Um mit dem 15 mm Band die Abschmelzleistung und damit den Auftragsquerschnitt um ca. 1,5 % zu erhöhen, steigt der Einbrand um ca. 2,5 % bei einer Zunahme von i_s um 2 A/mm^2, während für das 20 mm Band einer Steigerung des Aufmischungsverhältnisses um ebenfalls 2,5 Punkte, es einer Erhöhung der spezifischen Strombelastung von 3 A/mm^2 bedarf, wobei jedoch die Auftragsquerschnittsfläche bzw. die Abschmelzleistung um über 6 % vergrößert wird. Dies bedeutet, daß mit breiter werdender Bandelektrode es leichter wird, größere Beschichtungsleistungen bei geringerem Einbrand zu realisieren, so daß zum wirtschaftlichen Einsatz eine Mindestbreite von 15 mm unbedingt zu empfehlen ist.

Über die bisherigen Ergebnisse hinaus sollte im weiteren versucht werden, eine weitere Verbesserung durch den Einsatz von zeitlich veränderlichen Zusatzmagnetfeldern zu erreichen.

5.6 Versuchsergebnisse beim Einsatz von Zusatzmagnetfeldern zur gezielten Beeinflussung der Lichtbogenbewegung

5.6.1 Physikalische Grundlagen beim Einsatz von Zusatzmagnetfeldern

Zu Beginn der nachfolgenden Untersuchungen soll kurz auf die physikalischen Grundlagen und Zusammenhänge beim Einsatz von Zusatzmagnetfeldern beim Lichtbogenschweißen mit Bandelektrode eingegangen werden.

Der Schweißlichtbogen ist ein leicht beweglicher elektrischer Leiter, der in einem Zusatzmagnetfeld den auf ihn wirkenden Kräften folgt.

Im transversalen Zusatzmagnetfeld wirkt auf den Lichtbogen die Lorentz-Kraft (Abb. 70).

$$K = j \times B$$

(K = Vektor der Lorentz-Kraft/Volumenelement; j = Vektor der Stromdichte; B = Vektor der Induktion des Zusatzmagnetfeldes).

Das Lichtbogenplasma setzt sich aus Elektronen, Ionen und elektrisch neutralen Teilchen zusammen. Jeder in Bewegung befindliche elektrische Ladungsträger ist von einem Magnetfeld umgeben. Das Integral der Einzelmagnetfelder ergibt ein das Lichtbogenplasma ringförmig umgebendes Gesamtmagnetfeld. Die im Zusatzmagnetfeld auf jedes Elektron wirkende Einzelkraft

$$K_e = e\ (v_e \times B)$$

(K_e = Vektor der Lorentz-Kraft auf ein Elektron; e = Elektronenladung, $-1{,}602 \cdot 10^{-19}$ Coulomb; v_e = Vektor der Driftgeschwindigkeit des Elektrons)
verursacht eine Änderung der Bahn des Elektrons. Die durch Überlagerung des Leiterfeldes und des zusätzlich aufgebrachten transversalen Magnetfeldes wirkende Gesamtkraft bewirkt eine Auslenkung der gesamten Plasmasäule. Die Plasmaströmung bedingt durch ihre hohe kinetische Energie zum einen eine Stabilisierung des Lichtbogens, zum anderen wird durch sie ein Druck auf das Schweißbad ausgeübt. Beide Effekte sind proportional dem Quadrat der Schweißstromdichte. Die stabilisierende Kraft infolge der Plasmaströmung ist der Auslenkkraft entgegengerichtet.

Dem Schweißlichtbogen können prinzipiell zwei Arten von Zusatzmagnetfeldern überlagert werden:

longitudinale Magnetfelder
und transversale Magnetfelder.

Bei einem longitudinalen Magnetfeld verlaufen die Feldlinien in Richtung der Lichtbogenachse, bei einem transversalen Magnetfeld senkrecht zur Lichtbogenachse.

Die magnetische Lichtbogensteuerung durch transversale Zusatzmagnetfelder wurde zur Verbesserung von Schweißnaht- und Schweißraupenausbildung bisher schon beim Schutzgasschweißen, Unterpulverschweißen mit Bandelektrode und beim Plasmaschweißen erfolgreich eingesetzt. Für verschiedene Versuchseinrichtungen zur Lichtbogensteuerung durch transversale Magnetfelder liegen in- und ausländische Patente bereits vor oder sind angemeldet.

Zur Erzeugung der konstanten und zeitlich veränderlichen Zusatzmagnetfelder wurden hier Elektromagnete verwendet. Die magnetische Feldstärke H im Inneren einer langen stromdurchflossenen Spule ist der Stromstärke I_M und der Wicklungsdichte w/l_S proportional

$$H = I_M \cdot \frac{w}{l_S}$$

(w = Anzahl der Windungen; l_S = Länge der Spule).
Die magnetische Induktion B ist ein Maß für die Feldliniendichte. Sie kennzeichnet die Anzahl der durch ein Flächenelement senkrecht hindurchtretenden Feldlinien. Die magnetische Induktion ist der magnetischen Feldstärke proportional. Proportionalitätsfaktor ist die absolute Permeabilität μ_o und die werkstoffabhängige relative Permeabilität μ_r.

$$B = \mu_o\ \mu_r\ H = \frac{\emptyset}{A}$$

($\emptyset$ = magnetischer Fluß; A = Polschuhfläche)

Da für einen gegebenen Magneten Wicklungsdichte und relative Permeabilität konstant sind, ist eine Änderung der magnetischen Induktion nur durch die Steuerung der Magnetisierungsstromstärke möglich.

Zur Erzeugung der Magnetisierungsströme wurde die geregelte Konstantstromquelle Marco V eingesetzt.

Der interne Funktions- und Frequenzgenerator liefert Ströme mit sinus-, dreieck- und rechteckförmigem Kurvenverlauf mit Frequenzen von 0,1 - 1000 Hz. Beliebige Funktionen können über einen externen Eingang direkt auf den Endverstärker gegeben werden.

Für die Versuche wurden ungekühlte Magnete verwendet, die Kühlung entfällt aufgrund der speziellen Konstruktionen des Schweißkopfes (Abb. 71).

Die Magnetkerne bestanden aus St37. Das bei brennendem Lichtbogen an der Schweißstelle vorhandene Magnetfeld ist ein Superpositionsfeld der beiden Komponenten Eigenmagnetfeld des Lichtbogens und Zusatzmagnetfeld. Die Induktion der Komponente Zusatzmagnetfeld ändert sich durch das Plasma des Schweißlichtbogens nicht, da die relative Permeabilität des Lichtbogenplasmas eines Schweißlichtbogens bei Atmosphärendurck sich nicht von der von Luft unterscheidet. Diamagnetische Eigenschaften eines Plasmas treten erst bei Drücken weit unterhalb Atmosphärendruck auf. Die vor dem Schweißen durchgeführten Messungen des Zusatzmagnetfeldes erscheinen deshalb ausreichend genau und aussagefähig.

Der Aufbau eines transversalen Zusatzmagnetfeldes an der Schweißstelle kann durch einen Magneten, der in Schweißrichtung entweder vor oder hinter dem Schweißkopf angebracht wird, oder durch zwei Magnete, vor und hinter dem Schweißkopf, erfolgen. Wird nur ein Magnet verwendet, ergibt sich ein von der Polschuhfläche weg abfallendes Feld der magnetischen Induktion. Bei Verwendung zweier Magnete wird ein sattelförmiges Magnetfeld erzielt. Die Höhe der magnetischen Induktion an der Schweißstelle ist bei Verwendung zweier Zusatzmagnete bei gleichem Magnetisierungsstrom etwa doppelt so hoch wie bei Verwendung nur eines Magneten.

Für die anschließenden Versuche wurde nur ein Magnet verwendet (Abb. 71), da sich die damit erzielte Induktion als ausreichend erwies.

5.6.2 Einsatz von Konstantmagnetfeldern

Bei Beginn der Untersuchungen wurde davon ausgegangen, daß Konstantmagnetfelder, die die Lichtbogenbewegung an der Bandkante begrenzen, ausreichen, die Spritzerbildung zu vermeiden oder zumindest zu begrenzen.
Eine Versuchsserie ließ allerdings nur geringfügige Verbesserungen erkennen, obwohl deutlich zu erkennen war, daß die Lichtbogenauslenkung an der Bandkante wesentlich beschränkt wurde. Abbildung 72 ein Ausschnitt aus einem Hochgeschwindigkeitsfilm, zeigt, daß der Tropfenübergang auch ohne Vorhandensein des Lichtbogens erfolgen kann, d.h., daß der sehr vehement sich bewegende Lichtbogen an der Bandkante einen Tropfen ablöst, diesem Tropfen eine

Bewegungsrichtung nach außen (aus dem eigentlichen Schmelzbad heraus) verleiht und der Tropfen verläßt die Bandkante, geht außerhalb der Schmelze als Spritzer auf das Blech über, während der Lichtbogen diese Bandkante schon verlassen hat und an einer anderen Stelle zwischen Elektrode und Werkstück brennt. Um einen Einfluß auf den Tropfenübergang und damit auf die Spritzerbildung ausüben zu können, genügt es also nicht, die Bewegung des Lichtbogenfußpunktes auf dem Werkstück zu beeinflussen, sondern man muß die Bewegungscharakteristik des Lichtbogenansatzpunktes an der Bandkante verändern, d.h. die natürliche Bewegungsgeschwindigkeit gleichmäßiger und auch langsamer gestalten, was mit Konstantmagnetfeldern natürlich nicht möglich ist. Die Benutzung von Konstantmagnetfeldern hätte den großen Vorteil geboten, daß man bei Änderung der Schweißparameter, des Elektrodenwerkstoffes und der Elektrodenabmessungen nur die Intensität und Lage der Magnetfelder zu ändern brauchte, wohingegen bei Gebrauch von Wechselfeldern zusätzlich die Frequenz jeweils optimiert werden muß. Im folgenden soll also die Wirkung von Wechselfeldern zur Steuerung des Lichtbogens überprüft werden.

5.6.3 Einsatz von magnetischen Wechselfeldern beim Auftragschweißen unter Argon S 0,5

Im konstanten transversalen Magnetfeld ist die Auslenkung des Lichtbogens in eine innerhalb bestimmter Grenzen beliebige Position möglich. Durch ein zeitlich veränderliches transversales Zusatzmagnetfeld kann der Lichtbogen gependelt werden. Eine gezielte Lichtbogenpendelung bietet beim Schweißen die Möglichkeit die Wärmeeinbringung in den Grundwerkstoff und somit die Aufschmelzung zu steuern. Bei der bisher häufig angewendeten mechanischen Schweißkopfpendelung sind größere Massen zu beschleunigen und abzubremsen, wodurch Schwingungen in der Schweißanlage verursacht werden. Hohe Pendelfrequenzen können nicht verwirklicht werden. Bei den üblicherweise verwendeten Pendeleinrichtungen mit einer Steuerung durch Exzenter oder Kurvenscheiben ist die Wahl der Weg-Zeit-Gesetze begrenzt. Die magnetische Pendelung besitzt den Vorteil, daß nur der nahezu trägheitslose Lichtbogen pendelt und sein Fußpunkt sich mit jedem gewünschten Weg-Zeit-Gesetz über den Grundwerkstoff bewegt.

Lichtbogenkenngrößen, die mittels Hochgeschwindigkeitsfotografie beim Einsatz der zeitlich veränderlichen transversalen Zusatzmagnetfelder ermittelt wurden zeigt Bild 73. Abbildung 74 zeigt den prinzipiellen Aufbau der Versuchseinrichtung und Bild 75 den Lichtbogenverlauf beim Auftragschweißen mit einer Bandelektrode vom Querschnitt 7 mm x 1 mm, wobei die Kenngrößen aus Bild 73 verwendet werden. In Ergänzung zu diesen Untersuchungen wurden für die Bandelektrode X 40 Cr 13 der Abmessungen 15 mm x 0,5 mm geeignete Schweißparameter ermittelt (Tafel 9) und bei Verwendung dieser Werte (I = 400 A; U = 32 V; v_s = 15 cm/min) die günstigste Frequenz des Zusatzmagnetfeldes bei ausreichend großer Induktion (f = 20 Hz).
Bild 75 zeigt eine mit diesen Parametern geschweißte Panzerung. Auch hier treten, trotz der Magnetfelder Spritzer auf. Als wesentlicher Unterschied gegenüber der Schweißung ohne Magnete macht sich der wesentlich ruhigere und gleichmäßigere Prozeßablauf bemerkbar. Dies führt allerdings weder zu einer Beseitigung der Spritzer, noch zu einer wesentlichen Reduzierung des Einbrandes.

Der Makroschliff in Bild 76 zeigt, daß auch hier etwa 12 % Aufmischung vorliegt. Diese Zusammenhänge gelten auch für andere Elektrodenwerkstoffe z.B. X 8 Cr 17, so daß man zusammenfassend sagen kann, daß durch den Einsatz der Zusatzmagnetfelder eine Beseitigung der Spritzer und eine wesentliche Reduzierung des Einbrandes nicht zu erreichen ist.

Darüberhinaus muß bei jeder Parameteränderung, Änderung der Bandbreite, des Elektrodenwerkstoffes und der Schutzgaszusammensetzung die Frequenz und Induktion des Magnetfeldes neu optimiert werden und zusätzlich die Schweißparameter, da die geeigneten Parameter ohne Verwendung von Magneten sich von denen bei Einsatz von Magneten unterscheiden. Aus diesen Gründen erscheint aus der Sicht der bisherigen Versuchsergebnisse der Aufwand für eine Auftragschweißung mit zusätzlichen, zeitlich veränderlichen Magnetfeldern zu groß bei den geringfügigen erzielbaren Verbesserungen in bezug auf Raupengeometrie und Spritzerbildung. Die geeigneteste Verfahrensvariante ist demnach das Auftragschweißen mit 30° schräggestellter Bandelektrode unter Argon S 0,5 bei Verwendung von 20 mm breiten Elektroden, wobei weitgehend spritzerfreie Plattierungen erzielt werden können mit Aufmischungen von 9 % bis 12 % für die Einzelraupe und 6 % bis 10 % für die Beschichtung.

6. Zusammenfassung

Zu Beginn der vorliegenden Untersuchung stand die Entwicklung eines neuen Schutzgasschweißkopfes, der es ermöglicht, Bandelektroden von 7 mm bis 20 mm Breite und einer Dicke bis 2 mm zu verschweißen. Dabei wurde besonderer Wert gelegt auf eine gute Kontaktierung der Elektrode sowie auf einen ausreichenden Gasschutz im Lichtbogenbereich und im Bereich der erstarrenden Schmelze. Letzteres wurde erreicht durch eine glockenförmige Auslegung des unteren Teiles des Schweißkopfes und durch eine zusätzliche mit Schutzgas beaufschlagte äußere Ringdüse. Damit waren die Voraussetzungen geschaffen für eine systematische Untersuchung des Einflusses verschiedener Faktoren auf das Schweißergebnis beim Plattieren sowie beim Panzern. Die Versuche dazu wurden mit Bandelektroden unterschiedlicher Werkstoffzusammensetzung und Geometrie bei verschiedenen Schutzgaszusammensetzungen durchgeführt. Dabei standen als Beurteilungskriterien die Raupengeometrie, das Einbrandverhalten, die Raupenoberfläche und die Spritzerbildung im Vordergrund.

Außerdem wurde versucht, die Schweißergebnisse weitergehend zu verbessern durch den Einsatz zeitlich veränderlicher und konstanter transversaler Zusatzmagnetfelder.

Die Grundlage, der in der vorliegenden Arbeit durchgeführten Untersuchungen bilden Hochgeschwindigkeitsfilmaufnahmen, die vor allen Dingen Aufschluß geben über die Lichtbogenbewegung und den Tropfenübergang und damit über die Spritzerbildung. Bei den Versuchen mit quer zur Schweißrichtung stehenden Bandelektroden verschiedener Legierungszusammensetzungen, die unter Argon verschweißt wurden, traten in starkem Maße Schweißspritzer auf. Außerdem konnten die Ergebnisse in bezug auf Raupenbegrenzung, Prozeßstabilität und Oberflächenstruktur nicht befriedigen und waren aufgrund mangelnder Schweißsicherheit, bedingt durch den sehr grobtropfigen Werkstoffübergang nur sehr schwer zu reproduzieren. Dagegen lag das Aufmischungsverhältnis mit 7 % bis 12 % in dem angestrebten Bereich, der vergleichbar ist mit den Ergebnissen beim UP-Bandplattieren.

Für die Verwendung von Argon S 1 in der folgenden Versuchsserie sprechen eine gute Prozeßstabilität, eine geeignete Raupengeometrie und -oberfläche, eine hohe erreichbare Abschmelzleistung bei geringer Spritzerbildung sowie ein relativ breites, verwendbares Parameterspektrum mit Schweißstromstärken zwischen 250 und 500 A (bei 10 mm bis 20 mm breiten Bändern) bei 27,5 bis 29,5 V Schweißspannung und 14 cm/min Vorschubgeschwindigkeit.

Der bei Verwendung dieser Schutzgasmischung zu erwartende Einbrand ist relativ groß und weder durch Erhöhung der Schweißgeschwindigkeit noch durch Änderungen des Energieangebots, wobei die Stromstärke den entscheidenden Einfluß hat, ausreichend günstig zu beeinflussen. Bei geeigneter Raupengeometrie lassen sich demnach Aufmischungen unter 15 % nicht erreichen, so daß diese Probleme nur durch Änderung der Schweißtechnologie oder der Schutzgaszusammensetzung gelöst werden können. Dies gilt in zunehmendem Maße bei Erhöhung des Aktivgasanteils im Schutzgas.

Stellt man die Vor- und Nachteile der beiden Schutzgase Argon und Argon S 1 einander gegenüber, so liegt es nahe, nach Möglichkeit die Vorteile beider Schutzgase durch eine geeignete Mischung miteinander zu verbinden. Die Versuche haben ergeben, daß die untere Grenze für eine ausreichende Prozeßstabilität bei einem Mischungsverhältnis von Argon zu Argon S 1 wie 1 : 1 liegt, was in etwa einem Schutzgas Argon S 0,5 entsprechen würde. Der Charakter der Argonschweißung im Hinblick auf Einbrand und Abbrandverluste bleibt im wesentlichen erhalten; mit den kleiner werdenden Tropfen und der dadurch bedingten erhöhten Tropfenfrequenz und der dünnflüssigeren Schmelze wird die Fiederung feiner und der Prozeßablauf wesentlich ruhiger und gleichmäßiger. Diese Vorteile werden ergänzt durch die Möglichkeit, die Auftragschweißungen in einem breiteren geeigneten Parameterspektrum durchführen zu können, das in etwa dem beim Gebrauch von Argon S 1 entspricht. Der Nachteil bei dieser Schutzgaszusammensetzung ist, daß es sich um kein konfektioniertes Gas handelt und so ein zusätzlicher Aufwand zum Erstellen der Gasmischung nötig ist. Versuche mit breiteren Bandelektroden zeigen, daß eine Verbreiterung der Bänder über 20 mm in Verbindung mit geringerer spezifischer Strombelastung eine Erhöhung des Sauerstoffanteils erlauben, ohne das Aufmischungsverhältnis zu erhöhen. Allerdings sind bei quergestellter Elektrode bei keiner der untersuchten Schutzgaszusammensetzungen und Werkstoffe, geschickte Schweißparameterwahl vorausgesetzt, spritzerfreie Raupen zu erreichen, so daß zur Lösung dieses Problems eine Änderung der Technologie erforderlich ist. Dazu gibt es zwei Wege: die Lichtbogen- und Tropfenbewegung gezielt durch Zusatzmagnetfelder zu beeinflussen oder durch Änderung der Bandelektrodenstellung zu erreichen, daß eventuell auftretende Spritzer von der nachfolgenden Raupe aufgenommen werden.

Aufgrund der Tatsache, daß die auftretenden Spritzer infolge der Lichtbogenbewegungen entweder vorgelegt und wieder aufgeschmolzen werden oder direkt in das Schmelzbad übergehen sind die Raupen bei Längsstellung der Elektrode zur Schweißrichtung spritzerfrei. Allerdings eignet sich die Raupengeometrie nur wenig zum Plattieren. Es entstehen sehr ungleichmäßige, wellige Beschichtungen, die sich grundsätzlich nicht von denen bei Verwendung von Drahtelektroden unterscheiden. Mit Hilfe der Hochgeschwindigkeitsfotografie konnte nun zwischen den Extremstellungen ein brauchbarer Kompromiß gefunden werden, der den ansonsten schmalen Bereich spritzerarmer Schweißungen wesentlich erweitert. Wie die entsprechenden Versuche erweisen, sollte die Bandelektrode in einem Winkel von 30° zur Schweißrichtung stehen. Bei einer solchen Anordnung verringert sich bei vergleichbaren Schweißparametern die Raupenbreite gegenüber der Querstellung nur geringfügig, so daß eventuell auftretende Spritzer in Richtung der Bandachse, die jetzt quer zur Schweißrichtung gesehen in einem engeren Bereich liegen, durch die relativ breite Raupe aufgenommen werden. Unter Berücksichtigung der vorher beschriebenen Ergebnisse und Abhängigkeiten wurden einlagige Schweißplattierungen mit Bandelektroden verschiedener Legierungszusammensetzung und unterschiedlicher Abmessungen unter Argon S 0,5 erstellt. Bei einer spezifischen Strombelastung der Elektrode von 44 A/mm^2, 27 V bis 29 V Schweißspannung und 14 cm/min Vorschubgeschwindigkeit sind die entsprechenden Beschichtungen weitgehend spritzerfrei. Die Aufmischung beträgt 7 % bis 10 % und die Oberfläche ist eben. Aus wirtschaftlichen Gründen empfiehlt sich der Gebrauch 20 mm breiter Bandelektrodem mit denen bei Einhaltung der oben angegebenen Parameter die Beschichtungsleistung etwa 0,18 m^2/h beträgt. Durch den Einsatz zeitlich veränderlicher transversaler Zusatzmagnetfelder kann eine Verbreiterung der Raupe um etwa 5 % bis 10 % erreicht werden. Darüberhinaus verläuft der Schweißprozeß gleichmäßiger und damit ruhiger. Da aber bei quergestellter Bandelektrode durch Zusatzmagnetfelder weder die Schweißspritzer zu beseitigen, noch der Einbrand soweit reduziert werden kann, daß es möglich wird Argon S 1 als Schutzgas zu benutzen und darüberhinaus der Aufwand beim Einsatz von Magneten erheblich und das Schweißergebnis im einzelnen nur sehr schwer zu reproduzieren ist, scheint aus der Sicht der vorliegenden Versuchsergebnisse der Aufwand beim Gebrauch von Magneten in keinem Verhältnis zu stehen zur erzielten Wirkung. Aus diesen Gründen empfiehlt es sich beim Auftragschweißen mit Bandelektroden unter Schutzgas die Beschichtungen mit schräggestelltem Band durchzuführen, um Schweißspritzer zu vermeiden und als Schutzgas Argon S 0,5 zu verwenden, um ein Aufmischungsverhältnis im Bereich von 7 % bis 12 % zu gewährleisten, wobei zur Erzielung ebener Auftragsflächen und entsprechender Beschichtungsleistungen die Mindestbreite der Bandelektrode 15 mm betragen sollte.

7. Schrifttum

/_ 1_/ Paul, K.: Abschmelzvorgang beim Bandschweißen unter Schutzgas
ZIS-Mitteilungen (1974), H.5, S.619

/_ 2_/ Lohrmann, G.R.: Das Lichtbogenschweißen mit Bandelektroden
Industrie-Kurier (1964), S.670

/_ 3_/ Kretschmann, G.: Lichtbogenausbildung beim Bandschweißen
Schweißtechnik 19 (1969), H.2, S.76

/_ 4_/ Lohrmann, G.R.: Untersuchungen des Lichtbogenverhaltens und des Werkstoffüberganges sowie deren Auswirkung auf die Schweißraupenausbildung beim Schutzgas- und Unterpulverschweißen mit Bandelektroden
Dissertation an der RWTH Aachen (1968)

/_ 5_/ Eichhorn, F., G.R. Lohrmann und U. Dilthey: Lichtbogenverhalten und Werkstoffübergang beim Schutzgasschweißen mit Bandelektroden
Industrie-Anzeiger 90 (1968), H.94, S.2077

/_ 6_/ Eichhorn, F. und U. Dilthey: Schweißplattieren mit Bandelektrode unter Schutzgas
VDI-Z. 114 (1972), Nr. 7 - Mai

/_ 7_/ Eichhorn, F. und G.R. Lohrmann: Untersuchungen von Lichtbogenverhalten und Werkstoffübergang beim UP- und Schutzgasschweißen mit Bandelektroden
Düsseldorf: Deutsch-Englische Schweißtechnische Gemeinschaftstagung 1967

/_ 8_/ Eichhorn, F. und U. Dilthey: Auftragschweißen mit austenitischer CrNi-Stahlbandelektrode unter Schutzgas
Industrie-Anzeiger 91 (1969), Nr.78, S.1902

/_ 9_/ Eichhorn, F. und G.R. Lohrmann: Grundlagen des Lichtbogenschweißens mit Bandelektroden
Schweißen und Schneiden 21 (1969), H.8, S.311

/_10_/ Müller, J.: Gase, Gasgemische und Dämpfe für das Schutzgasschweißen
Schweißtechnik 15 (1965), H.11, S.501

/_11_/ Müller, J.: Gase, Gasgemische und Dämpfe für das Schutzgasschweißen
Schweißtechnik 16 (1966), H.1, S.25

/_12_/ Nolde, P.: Teilautomatisches SG-Bandschweißen von Stumpfnähten ohne zusätzliche Badsicherung.
Schweißtechnik 25 (1975), H.4, S.172

/_13_/ Eichhorn, F. und G. Foyer: Auftragschweißen mit schräggestellter Bandelektrode unter Mischgas
Industrie-Anzeiger 20 (1977)

[14] Eichhorn, F., Dilthey, U.: Lichtbogen-Verbindungsschweißen mit Bandelektroden von einer Seite in einer Lage
Industrie-Anzeiger 92 (1970), Nr. 105, S. 2529

[15] Däne, K.: Einseitiges CO_2-Schweißen auf Keramikunterlage
ZIS-Mitteilungen (1974), H. 5, S. 603

[16] Maus, W.: Schutzgasschweißen mit Bandelektroden
Wahlarbeit (1975) ISF, RWTH Aachen

[17] Scheibner, P.: Höhere Effektivität beim MAG-Schweißen durch Mischgase
ZIS-Mit. 6/76, S. 546

[18] Schöbel, K.: Schutzgase, ihr Einfluß auf die Lichtbogenvorgänge und das Schweißergebnis
Journal de la Soudure, 7/76, S. 139

[19] Czesany, G.: Wirtschaftliches MAG-Schweißen unter Mischgas
Zeitschrift für Schweißtechnik, 1/76, S. 10

[20] Rieder, W.: Plasma und Lichtbogen
Verlag Vieweg, 1967

8. Verzeichnis der Tafeln und Bilder

8.1 Tafeln

1. Abmessungen und chemische Analysen der verwendeten Versuchswerkstoffe (zu 5.1.3)
2. Daten der untersuchten Schweißplattierung (zu 5.1.3)
3. Ergebnisse der chemischen Analysen der einzelnen Lagen der Schweißplattierung (zu 5.1.3)
4. Abmessungen und chemische Analysen der verwendeten Versuchswerkstoffe (zu 5.1.5)
5. Chemische Analyse der Plattierung (zu 5.1.5)
6. Abmessungen, Schweißdaten, Wärmebehandlung und chemische Analysen bei den verwendeten Versuchswerkstoffen (zu 5.1.6)
7. Schweißdaten, Abmessungen und chemische Analysen der verwendeten Versuchswerkstoffe unter verschiedenen Schutzgaszusammensetzungen
8. Schweißdaten, Abmessungen und chemische Analysen der verwendeten Versuchswerkstoffe bei unterschiedlichen Stellungen der Bandelektrode
9. Schweißdaten, Abmessungen und chemische Analysen der verwendeten Versuchswerkstoffe (zu 5.6.3)

8.2 Bilder

1. Einfluß der Schweißstromstärke auf die Lichtbogenlänge und -breite [5] (niedriglegierte Bandelektrode: 14 mm x 0,5 mm, U_s = 30 V; v_s = 20 cm/min)

2. Einfluß der Schweißspannung auf die Lichtbogenlänge und -breite [5] (niedriglegierte Bandelektrode: 14 mm x 0,5 mm, I_s = 500 A; v_s = 20 cm/min)

3. Einfluß der Schweißstromstärke auf die Lichtbogenfrequenz und -verweilzeit [5] (niedriglegierte Bandelektrode: 14 mm x 0,5 mm; U_s = 30 V)

4. Einfluß der Schweißspannung auf die Lichtbogenfrequenz und -verweilzeit [5] (niedriglegierte Bandelektrode: 14 mm x 0,5 mm; I_s = 500 - 550 A)

5. Schweißraupenbreite b, Einbrandtiefe t_e und Auftragshöhe h_a in Abhängigkeit von der Schweißstromstärke (Bandquerschnitt: 14 mm x 0,5 mm; U_s = 29 V; v_s = 19-22 cm/min) [4]

6. Schweißraupenbreite b, Einbrandtiefe t_e und Auftragshöhe h_a in Abhängigkeit von der Lichtbogenspannung (Bandquerschnitt: 14 mm x 0,5 mm; I_s = 500 A; v_s = 20-22 cm/min) [4]

7. Schweißraupenbreite b, Einbrandtiefe t_e und Auftragshöhe h_a in Abhängigkeit von der Schweißgeschwindigkeit (Bandquerschnitt: 14 mm x 0,5 mm; I_s = 500 A; U_s = 29,5 - 30 V) [4]

8. Schweißraupenbreite b, Einbrandtiefe t_e und Auftragshöhe h_a in Abhängigkeit von der Schweißgeschwindigkeit (Bandquerschnitt: 14 mm x 0,5 mm; I_s = 500-510 A; U_s = 30 V) [4]

9. Für die Versuche zum Auftragschweißen mit Bandelektrode unter Schutzgas verwendete Schweißmaschine

10. Verwendete Energiequelle

11. Kennlinienfeld der in Bild 10 gezeigten Energiequelle

12. Oberer Teil des Außenmantels des verwendeten Schweißkopfes zum Verschweißen bis zu 25 mm breiter Bandelektroden

13. Unterer Teil des Außenmantels des verwendeten Schweißkopfes

14. Schweißkopf in eingebautem Zustand mit Rauchdurchsatz durch die äußere Ringdüse

15. Schweißkopf in eingebautem Zustand

16. Innenteil des Schweißkopfes mit Bandleit- und Kontaktelementen

17. Lichtbogen an der Bandkante mit 2 "Kernen" (Ausschnitt aus einem Hochgeschwindigkeitsfarbfilm mit 6500 B/sec) (Bandabmessungen: 20 mm x 0,5 mm; I_S= 440 A; U_S= 28 V; v_s = 14 cm/min; Schutzgas: Argon S 1)

18. Bildung von Doppellichtbögen (Ausschnitt aus einem Hochgeschwindigkeitsfarbfilm mit 6500 B/sec) (Bandabmessungen: 20 mm x 0,5 mm; I_S= 440 A; U_S= 28 V; v_s = 14 cm/min Schutzgas: Argon S 1)

19. Lichtbogen an der Bandkante mit übergehendem Tropfen (Ausschnitt aus einem Hochgeschwindigkeitsfarbfilm mit 6500 B/sec) (Bandabmessungen: 20 mm x 0,5 mm; I_S= 440 A; U_s= 28 V; v_s = 14 cm/min; Schutzgas: Argon S 1)

20. Ionisationsgrad und -energie bei verschiedenen Stoffen und Temperaturen [20]

21. Entladungsintensität im Lichtbogenbereich [20]

22. Lichtbogenbewegung an der Bandkante (Ausschnitt aus einem Hochgeschwindigkeitsfilm mit 3500 B/sec) (Bandabmessungen: 10 mm x 0,5 mm; I_s= 240 A; U_s= 28 V; v_s = 15 cm/min; Schutzgas: Argon)

23. Einfluß der Schweißstromstärke auf die Abschmelzleistung für verschiedene Stähle und Bandabmessungen
    7 mm x 0,5 mm: niedriglegierte Stahlbandelektrode
    Schutzgas: Corgon
    14 mm x 0,5 mm: niedriglegierte Stahlbandelektrode
    Schutzgas: Corgon
    9 mm x 0,5 mm: austenitische Cr-Ni-Stahlbandelektrode
    Schutzgas: Argon

24. Einfluß der Schweißstromstärke auf Auftraghöhe und Einbrandtiefe der Schweißraupe für verschiedene Stähle und Bandabmessungen
    7 mm x 0,5 mm: niedriglegierte Bandelektrode
    Schutzgas: Corgon
    14 mm x 0,5 mm: niedriglegierte Bandelektrode
    Schutzgas: Corgon
    9 mm x 0,5 mm: austenitische Cr-Ni-Stahlbandelektrode
    Schutzgas: Argon

25. Einfluß der Schweißstromstärke auf die Breite der Schweißraupe für verschiedene Stähle und Bandabmessungen
    7 mm x 0,5 mm: niedriglegierte Stahlbandelektrode
    Schutzgas: Corgon
    14 mm x 0,5 mm: niedriglegierte Stahlbandelektrode
    Schutzgas: Corgon
    9 mm x 0,5 mm: austenitische Cr-Ni-Stahlbandelektrode
    Schutzgas: Argon

26. Gefügebilder der dreilagigen Schweißplattierung im Schweißzustand und nach einer Wärmebehandlung: 20 min bei 1050° Abkühlung in Luft von 20°C

27. Härteverlauf der Einlagen-Plattierung

28. Härteverlauf der Zweilagen-Plattierung

29. Härteverlauf der Dreilagen-Plattierung

30. Mikrountersuchung mit der Elektronensonde

31. Übergangszone zwischen Grundwerkstoff und austenitischer Beschichtung (oben)

32. Nomogramm für das Schutzgasauftragschweißen mit austenitischer Cr-Ni-Stahlbandelektrode des Querschnitts 10 mm x 0,5 mm unter Argon

33. Schweißraupenquerschnitte bei unterschiedlichen Schweißstromstärken (zu 5.1.5)

34. Schweißraupenquerschnitte bei unterschiedlichen Schweißgeschwindigkeiten

35. Zweilagige Flächenplattierung (zu 5.1.5) (I_S= 400 A; U_S= 32 V; v_S = 12 cm/min; Bandabmessungen: 10 mm x 0,5 mm Schutzgas: Argon)

36. Zweilagige Rohraußenplattierung (zu 5.1.5) (I_S= 400 A; U_S= 32 V; v_S = 12 cm/min; Bandabmessungen: 10 mm x 0,5 mm Schutzgas: Argon)

37. Gefügebilder des Übergangs vom Grundwerkstoff zur austenitischen Beschichtung in der ersten Lage

38. Gefügebild des Übergangs vom Grundwerkstoff zur austenitischen Auftragschicht

39. Mikroanalyse des Übergangs vom Grundwerkstoff zur austenitischen Auftragschicht

40. Makroschliff einer Panzerung, erstellt unter Argon Bandelektrode: X 40 Cr 13: 10 mm x 0,5 mm I_s = 240 A; U_s = 27 V; v_s = 15 cm/min (Tafel 6)

41. Oberfläche der in Bild 40 gezeigten Panzerung

42. Oberfläche einer mit den in Bild 40 (Tafel 6) angegebenen Daten erstellten Panzerung

43. Härteverlauf senkrecht zur Oberfläche bei einer Panzerung mit dem Elektrodenwerkstoff X 40 Cr 13 im Schweißzustand, gehärtet und weichgeglüht (Bandabmessungen, Schweißdaten und Wärmebehandlung siehe Tafel 6)

44, 45, 46: Mikroaufnahmen einer Panzerung (X 40 Cr 13) aus dem oberen und mittleren Bereich der Beschichtung und aus der Übergangszone zum Grundwerkstoff (Bandabmessungen, Schweißdaten und Schutzgaszusammensetzung, siehe Tafel 6)

47. Unterschiedlicher Prozeßablauf mit zunehmendem Sauerstoffanteil im Schutzgas

48. Makroschliff einer Panzerung unter Argon S 0,5 (Bandelektrode X 40 Cr 13: 10 mm x 0,5 mm; I_s = 240 A; U_s = 27 V; v_s = 15 cm/min)

49. Makroschliff und Oberfläche einer Panzerung unter Argon S 5 (Bandelektrode X 40 Cr 13: 10 mm x 0,5 mm; I_s = 300 A; U_s = 27 V; v_s = 15 cm/min)

50, 51, 52: Mikroaufnahmen einer Panzerung (X 40 Cr 13) aus dem oberen und mittleren Bereich der Beschichtung und aus der Übergangszone zum Grundwerkstoff, geschweißt unter Argon S 5 (Bandelektrode X 40 Cr 13: 10 mm x 0,5 mm; I_s = 300 A; U_s = 27 V; v_s = 15 cm/min)

52a: Rohraußenpanzerung unter Argon S 5

52b: Rohraußenplattierung unter Argon S 5

53. Makroschliff einer Panzerung erstellt unter Argon S 0,5 (Bandelektrode X 40 Cr 13: 15 mm x 0,5 mm; I_s = 380 A; U_s = 28 V; v_s = 15 cm/min)

54. Oberfläche einer Beschichtung unter Argon S 0,5 mit 30° schräggestellter Elektrode (X 8 Cr 17; 20 mm x 0,5 mm) Schweißdaten, Abmessungen und chemische Analysen der Versuchswerkstoffe und der Plattierung enthält Tafel 7

55. Makroschliff einer Beschichtung unter Argon S 0,5 mit 30° schräggestellter Elektrode (X 8 Cr 17; 20mm x 0,5 mm); Schweißdaten, Abmessungen und chemische Analysen der Versuchswerkstoffe und der Plattierung enthält Tafel 7

56. Raupenoberfläche einer Beschichtung unter Argon S 0,5 mit Bandelektrode X 8 Cr 17 (15 mm x 0,5 mm) (I_s = 425 A; U_s = 28 V; v_s = 15 cm/min)

57. Aufmischung als Funktion der Schweißspannung (Bandelektrode X 8 Cr 17: 15 mm x 0,5 mm)

58. Auftraghöhe als Funktion der Schweißspannung (Bandelektrode X 8 Cr 17: 20 mm x 0,5 mm)

59. Aufmischung als Funktion der Schweißgeschwindigkeit (Bandelektrode X 8 Cr 17: 20 mm x 0,5 mm)

60. Auftragquerschnittsfläche als Funktion der Schweißgeschwindigkeit (Bandelektrode X 8 Cr 17: 15 mm x 0,5 mm)

62. Makroschliff einer Auftragraupe bei Längsstellung der Bandelektrode (X 8 Cr 17) zur Schweißrichtung

63. Oberfläche der in Bild 62 gezeigten Auftragraupe

64. Stechendes Hinauspendeln des Lichtbogens über die Bandkante hinaus im vorderen Bereich beim Auftragschweißen mit parallel (längs) zur Schweißrichtung stehender Elektrode

65. Makroschliff einer Plattierung mit schräggestellter Bandelektrode X 8 Cr 17 der Abmessungen 20 mm x 0,5 mm unter Argon S 0,5 (Schweißdaten und chemische Analysen der Plattierung enthält Tafel 8)

66. Oberfläche der in Bild 65 gezeigten Raupe

67. Makroschliff einer Plattierung mit 30° schräggestellter Bandelektrode X 8 Cr 17 der Abmessungen 20 mm x 0,5 mm unter Argon S 0,5 (I_s = 440 A, U_s = 28,5 V; v_s = 14 cm/min)

68. Oberfläche und Makroschliff einer Plattierung mit 30° schräggestellter Bandelektrode X 8 Cr 17 der Abmessungen 20 mm x 0,5 mm unter Argon S 1 (I_s = 440 A; U_s = 28,5 V; v_s = 14 cm/min)

69. Aufmischung und Auftragquerschnittsfläche als Funktion der spezifischen Strombelastung (U_s = 28 V; v_s = 14 cm/min) Bandelektrode X 8 Cr17 30° schräggestellt.

70. Schematische Skizze der Wirkung der Lorenz-Kraft K auf den Lichtbogen

71. Schweißkopf mit zusätzlichen Magneten zur magnetischen Beeinflussung der Lichtbogenbewegung

72. Tropfenübergang außerhalb des Lichtbogens (Ausschnitt aus einem Hochgeschwindigkeitsfarbfilm mit 3500 B/sec; Schutzgas: Argon (I = 240 A; U = 29 V; v_s = 15 cm/min)

73. Lichtbogenkenngrößen beim Einsatz zusätzlicher zeitlich veränderlicher transversaler Magnetfelder

74. Prinzipieller Versuchsaufbau

75. Magnetische Pendelung des Lichtbogens beim Schutzgasschweißen mit Bandelektrode (7 mm x 1 mm)

76. Makroschliff einer Panzerung mit quergestellter Bandelektrode (X 40 Cr 13; 15 mm x 0,5 mm) unter Zuhilfenahme eines zeitlich veränderlichen transversalen Zusatzmagnetfeldes (20 Hz) I_s = 300 A; U_s = 28 V; v_s = 15 cm/min; Schutzgas: Argon S 0,5
Breite der Schweißraupe: 32 mm, Aufmischung: ca. 12 %

Tafeln

Bandelektroden								
Abmessungen	C	Si	Mn	Cr	Ni	Nb	P	S
9 mm × 0,5 mm	0,031	0,610	1,640	23,20	12,60	0,50	n. b.	n. b.
7 mm × 0,5 mm	0,12	0,720	1,670	0,020	—	—	0,012	0,016
14 mm × 0,5 mm	0,12	0,720	1,670	0,020	—	—	0,012	0,016
Grundwerkstoff								
Abmessungen	C	Si	Mn	P	S			
	0,13	0,175	0,480	0,033	0,039			
Schutzgase								
Schweißargon	Reinheitsgrad 99,95 %							
Mischgas	89 % Ar, 6 % CO_2, 5 % O_2							

Tafel 1: Abmessungen und chemische Analysen der verwendeten Versuchswerkstoffe (zu 5.1.3)

Bandelektrode			
Qualität: X 3 Cr Ni Nb 24 13		Abmessungen: 9 mm × 0,5 mm	
Schutzgas			
Argon, Reinheitsgrad 99,95 %		Schutzgasmenge: 30 l/min	
Schweißdaten			
Schweißstrom	Lichtbogenspannung	Schweißgeschwindigkeit	Polung
410...420 A	32,5...33 V	14...15 cm/min	Elektrode positiv
Daten der sich ergebenden Einzelraupe			
Abschmelzleistung	Spritzverluste	Einbrandtiefe	Auftraghöhe
rd. 8 kg/h	5...8 %	1,6...2 mm	4,9...5,2 mm
Raupenbreite	Auftragfläche	Einbrandfläche	Auftragsverhältnis
27...28 mm	rd. 106 mm²	rd. 16 mm²	rd. 85 %

Tafel 2: Daten der untersuchten Schweißplattierung (zu 5.1.3)

	Cr %	Mo %	Si %	Nb %	Cr-Äquivalent	Ni %	C %	Mn %	Ni-Äquivalent
Grundwerkstoff	—	—	0,175	—	0,263	—	0,13	0,480	4,14
1. Lage	21,0	—	0,40	n. b.	21,8	11,7	0,03	1,5	13,45
2. Lage	22,6	—	0,41	n. b.	23,4	12,5	0,02	1,6	13,9
3. Lage	22,9	—	0,41	n. b.	23,7	12,6	0,02	1,6	14,1
Bandelektrode	23,3	—	0,610	0,5	24,365	12,6	0,031	1,640	14,35

Tafel 3: Ergebnisse der chemischen Analysen der einzelnen Lagen der Schweißplattierung (zu 5.1.3)

	Abmessung Durchmesser Querschnitt mm	DIN-Bezeichnung	Anteile in %							
			C	Si	Mn	P	S	Cr	Ni	Nb/Ta
Grundwerkstoff Versuchsbleche	280 x 180 x 25	19 Mn 5	0,23	0,60	1,15	n. b.	n. b.	n. b.	n. b.	n. b.
Grundwerkstoff Rohr	150 x 30	St 37	0,13	0,175	0,48	0,033	0,039	n. b.	n. b.	n. b.
Bandelektrode	10 x 0,5	X2 CrNi 24 13	0,025	0,39	1,98	0,009	0,008	24,1	13,7	—
Bandelektrode	10 x 0,5	X2 CrNi 20 10	0,015	0,26	0,94	0,007	0,010	19,27	10,36	—
Bandelektrode	10 x 0,5	X2 CrNiNb 24 13	0,022	0,36	2,04	0,017	0,016	23,73	12,66	0.709
Bandelektrode	10 x 0,5	X2 CrNiNb 21 10	0,019	0,36	1,78	0,016	0,016	20,25	11,10	0,91
Schutzgas	Schweißargon mit 99,95 % Ar									

Tafel 4: Abmessungen und chemische Analysen der verwendeten Versuchswerkstoffe (zu 5.1.5)

	Anteile in %							
	C	Si	Mn	P	S	Cr	Ni	Nb/Ta
Grundwerkstoff	0.23	0.60	1.15	n. b.	n. b.	n. b.	n. b.	n. b.
Bandelektrode 1. Lage	0,022	0,36	2.04	0,017	0.016	23,73	12.66	0,709
Bandelektrode 2. Lage	0.019	0,36	1.78	0.016	0.016	20,25	11.10	0,91
Analyse 1. Lage	0,03	0,44	1,66	n. b.	n. b.	19,9	8,3	n. b.
Analyse 2. Lage	0,03	0.48	1.63	n. b.	n. b.	19,5	8.3	n. b.

Tafel 5: Chemische Analyse der Plattierung (zu 5.1.5)

Bandelektrode : X 40 Cr 13			*Abmessungen : 10 mm x 0,5 mm*		
Schweißdaten :		*I_s = 230 A*	*U_s = 27 V*	*v_s = 14 cm/min*	
Grundwerkstoff :	*C = 0,12 % ;*	*Si = 0,14 % ;*	*Mn = 0,61 % ;*	*S = 0,02 % ;*	*Cr = 0,0 %*
X 40 Cr 13 :	*C = 0,42 % ;*	*Si = 0,8 % ;*	*Mn = 0,9 % ;*		*Cr = 12,5 - 14 %*
Schutzgas	*Argon (99,96 %)*	*Wärmebehandlung :*			
Aufmischung	*11,8 %*	*Härten :*	*1000 - 1050 °C / Öl*		
Abschmelzleistung	*6 kg/h*	*Weichglühen :*	*750 - 800 °C / 2-4 h*		
Raupenhöhe	*4,8 mm*				
Raupenbreite	*22 mm*				

Tafel 6: Abmessungen, Schweißdaten, Wärmebehandlung und chemische Analyse bei den verwendeten Versuchswerkstoffen (zu 5.1.6)

Bandelektrode: X 8 Cr 17		Abmessungen: 20 mm x 0,5 mm	
Schweißdaten:	Schweißstromstärke I_s = 440 A	Schweißspannung U_s = 28,5 V	Vorschubgeschwindigkeit v_s = 14 cm/min
Grundwerkstoff:	C=0,12 %, Si=0,14 %, Mn=0,61 %, P = n.e., S=0,02 %, Cr=0,0 %, Ni=0,0 %		
X 8 Cr 17:	C=0,07 %, Si=0,36 %, Mn=0,34 %, P = n.e., S=0,02 %, Cr=16,7 %, Ni ≤ 1,0 %		
Schutzgase	Argon (30 l/min)	Argon S0,5 (30 l/min)	Argon S1 (30 l/min)
Spritzerverluste	4 ÷ 5 %	ca 1 %	ca 1 %
Auftragsverhältnis	93 %	91 %	83 %
Raupenbreite	27,5 ÷ 29 mm	26,5 ÷ 28 mm	26 ÷ 27 mm
Raupenhöhe	4,8 ÷ 5,3 mm	4,8 ÷ 5,2 mm	4,8 ÷ 5,0 mm
chem. Analyse der Plattierung C	0,07	0,07	0,09
Si	0,35	0,35	0,35
Mn	0,4	0,4	0,5
P	n.e.	n.e.	n.e.
S	0,019	0,015	0,02
Cr	15,5	15,2	13,8
Ni	n.e.	n.e.	n.e.

Tafel 7: Schweißdaten, Abmessungen und chemische Analysen der verwendeten Versuchswerkstoffe unter verschiedenen Schutzgaszusammensetzungen

Bandelektrode: X 8 Cr 17		Abmessungen: 20 mm x 0,5 mm	
Schweißdaten:	Schweißstromstärke I_s = 440 A	Schweißspannung U_s = 28,5 V	Vorschubgeschwindigkeit v_s = 14 cm/min
Grundwerkstoff:	C=0,12 %, Si=0,14 %, Mn=0,61 %, P = n.e., S=0,02 %, Cr=0,0 %, Ni=0,0 %		
X 8 Cr 17:	C=0,07 %, Si=0,36 %, Mn=0,34 %, P = n.e., S=0,02 %, Cr=16,7 %, Ni ≤ 1,0 %		
Stellung der Bandelektrode zur Schweißrichtung	längs	30° schräg	quer
Auftragsverhältnis	88,5 %	91 %	91,5 %
Raupenbreite	21 ÷ 23 mm	26,5 ÷ 28 mm	31 ÷ 34 mm
Raupenhöhe	6,8 ÷ 7,1 mm	4,8 ÷ 5,2 mm	4,0 ÷ 4,4 mm
Spritzerverluste	0	≤ 1 %	4 ÷ 5 %
Einbrandgeometrie	symmetrisch	unsymmetrisch	symmetrisch
Raupengeometrie zum Plattieren	weniger geeignet	geeignet	gut geeignet

Tafel 8: Schweißdaten, Abmessungen und chemische Analysen der verwendeten Versuchswerkstoffe bei unterschiedlichen Stellungen der Bandelektrode

Bandelektrode: X 40 Cr 13		Abmessungen: 15 mm x 0,5 mm	
Schweißdaten:	I_s = 400 A	U_s = 32 V	v_s = 15 cm/min
Grundwerkstoff:	C = 0,12 %; Si = 0,14 %; Mn = 0,61 %; S = 0,02 %; Cr = 0,0 %		
X40Cr13:	C = 0,42 %; Si = 0,8 %; Mn = 0,9 %; Cr = 12,5–14 %		
Schutzgas	Argon S 0,5	magnetische Induktion B: 40 G	
Aufmischung	ca. 12 %	Frequenz des magnetischen Wechselfeldes: 20 Hz	
Raupenhöhe	ca. 4,2 mm		
Raupenbreite	32 mm		

Tafel 9: Schweißdaten, Abmessungen und chemische Analysen der verwendeten Versuchswerkstoffe (zu 5.6.3)

Bilder

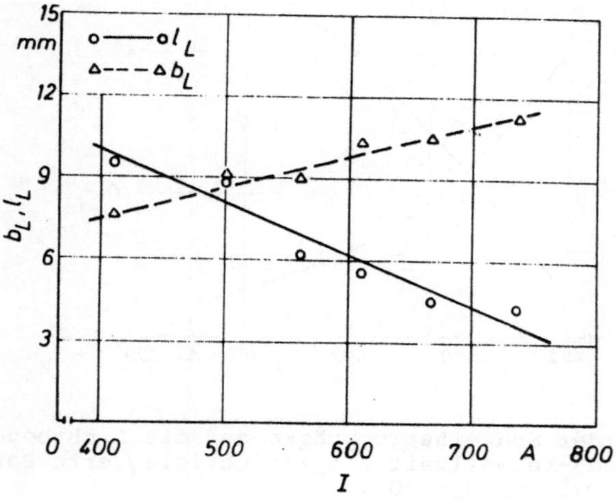

Bild 1: Einfluß der Schweißstromstärke auf die Lichtbogenlänge und -breite /‾5_7 (niedriglegierte Bandelektrode: 14 mm x 0,5 mm, U = 30 V; v_s = 20 cm/min)

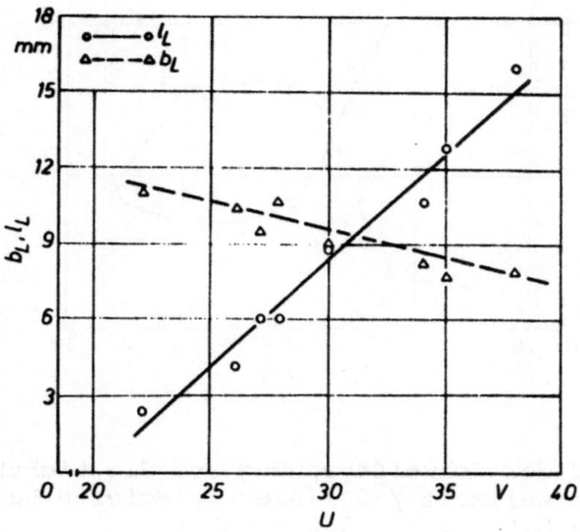

Bild 2: Einfluß der Schweißspannung auf die Lichtbogenlänge und -breite /‾5_7 (niedriglegierte Bandelektrode: 14 mm x 0,5 mm, I = 500 A; v_s = 20 cm/min)

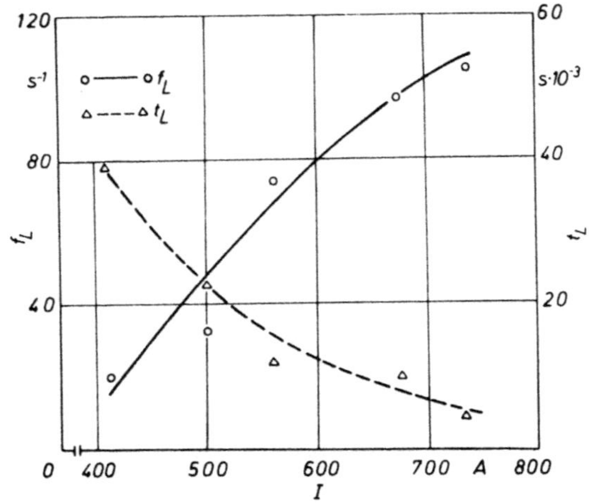

Bild 3: Einfluß der Schweißstromstärke auf die Lichtbogenfrequenz und -verweilzeit [5] (niedriglegierte Bandelektrode: 14 mm x 0,5 mm; U_s = 30 V)

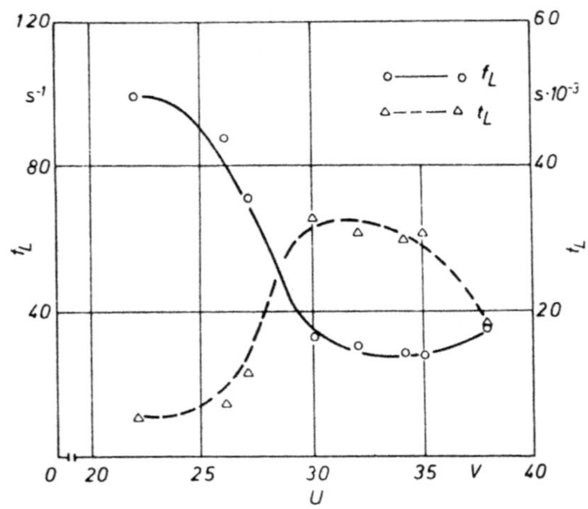

Bild 4: Einfluß der Schweißspannung auf die Lichtbogenfrequenz und -verweilzeit [5] (niedriglegierte Bandelektrode: 14 mm x 0,5 mm; I_s = 500 - 550 A)

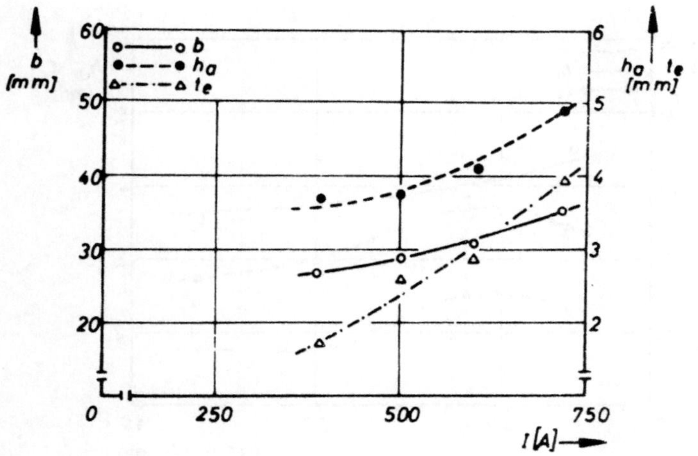

Bild 5: Schweißraupenbreite b, Einbrandtiefe t_e und Auftragshöhe h_a in Abhängigkeit von der Schweißstromstärke (Bandquerschnitt: 14 mm x 0,5 mm; U_s = 29 V; v_s =19-22cm/min) /‾4_7

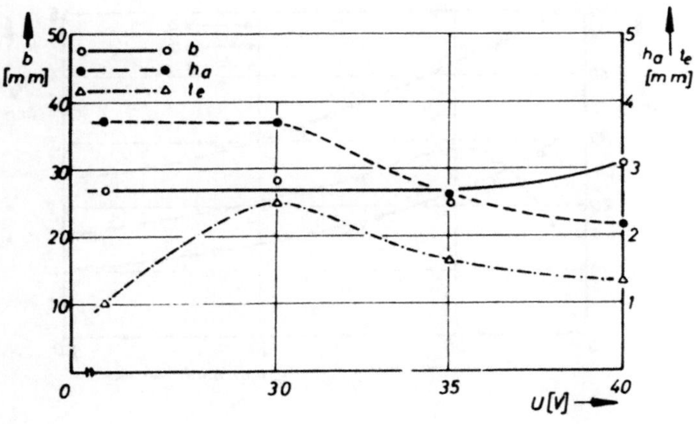

Bild 6: Schweißraupenbreite b, Einbrandtiefe t_e und Auftragshöhe h_a in Abhängigkeit von der Lichtbogenspannung (Bandquerschnitt: 14 mm x 0,5 mm; I_s =500 A; v_s =20-22cm/min) /‾4_7

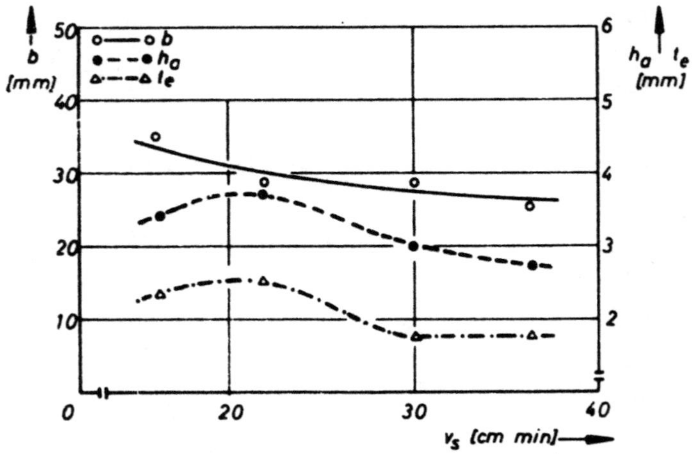

Bild 7: Schweißraupenbreite b, Einbrandtiefe t_e und Auftragshöhe h_a in Abhängigkeit von der Schweißgeschwindigkeit (Bandquerschnitt: 14 mm x 0,5 mm; I_s = 500 A; U_s = 29,5 - 30 V) [4]

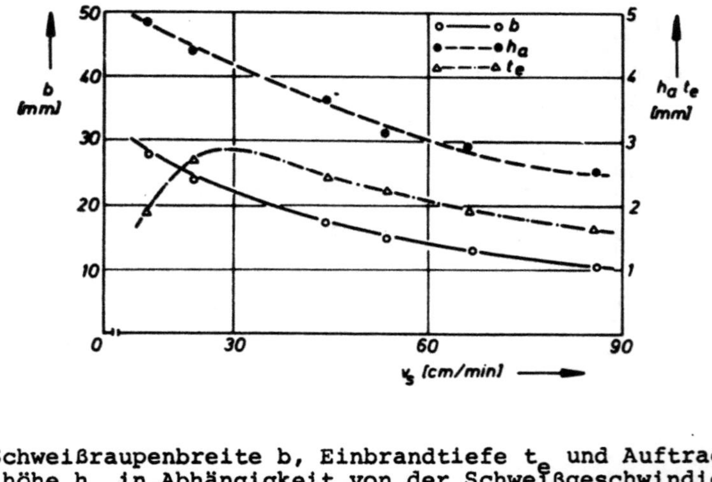

Bild 8: Schweißraupenbreite b, Einbrandtiefe t_e und Auftragshöhe h_a in Abhängigkeit von der Schweißgeschwindigkeit (Bandquerschnitt: 14 mm x 0,5 mm; I_s = 500 - 510 A; U_s = 30 V) [4]

1 Elektrodenvorschubmotor
2 Elektrodenführung
3 Führungsrohr
4 Wasserkühlung
5 Schutzgasdüse
6 Linearsupport
7 Halterung
8 Linearsupport
9 Haspel

Bild 9: Für die Versuche zum Auftragschweißen mit Bandelektrode unter Schutzgas verwendete Schweißmaschine

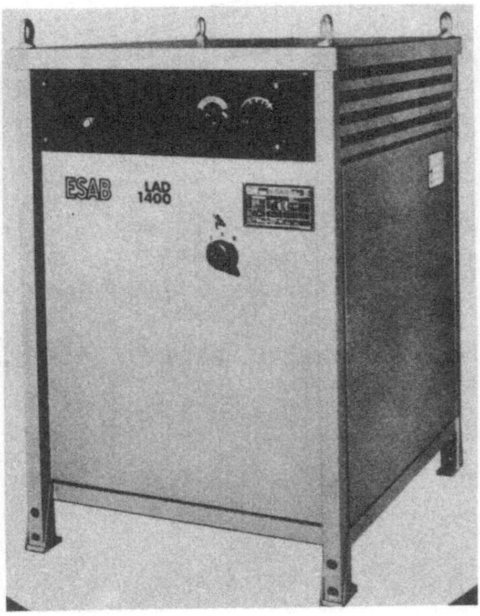

Bild 10: Verwendete Energiequelle

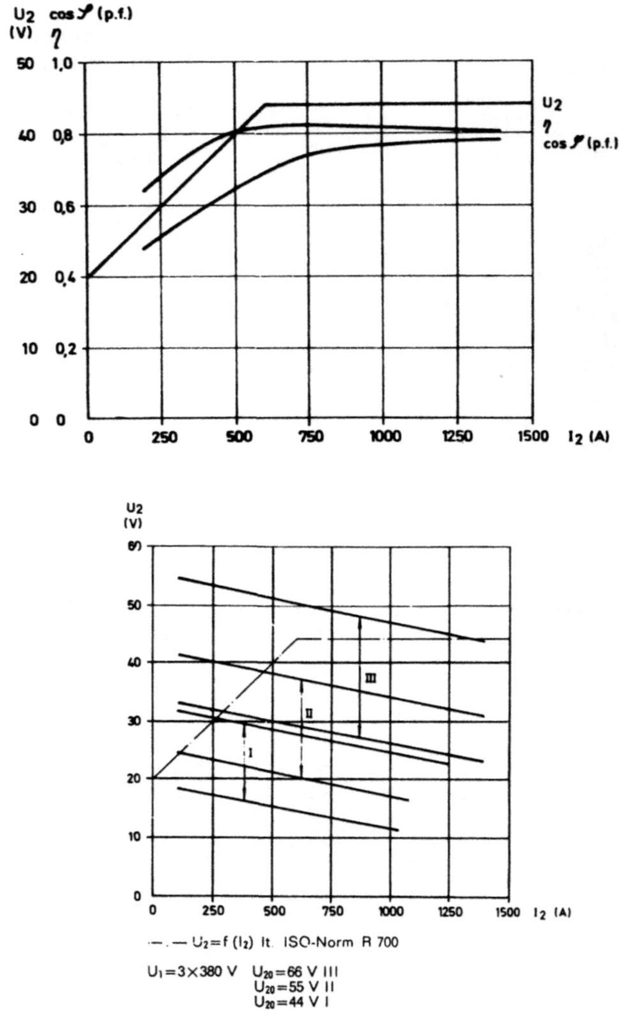

Bild 11: Kennlinienfeld der in Bild 10 gezeigten Energiequelle

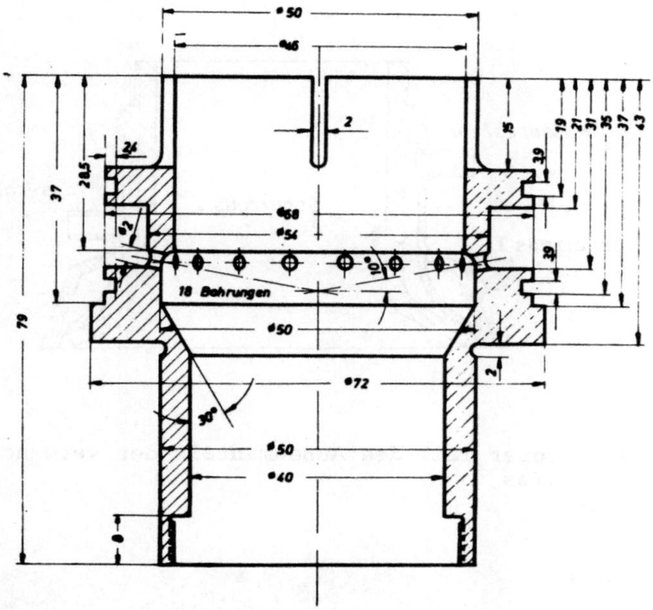

Bild 12: Oberer Teil des Außenmantels des verwendeten Schweißkopfes zum Verschweißen bis zu 25 mm breiter Bandelektroden

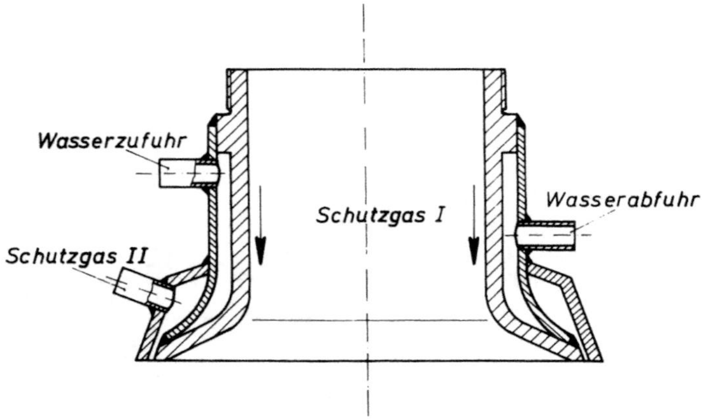

Bild 13: Unterer Teil des Außenmantels des verwendeten Schweißkopfes

Bild 14: Schweißkopf in eingebautem Zustand mit Rauchdurchsatz durch die äußere Ringdüse

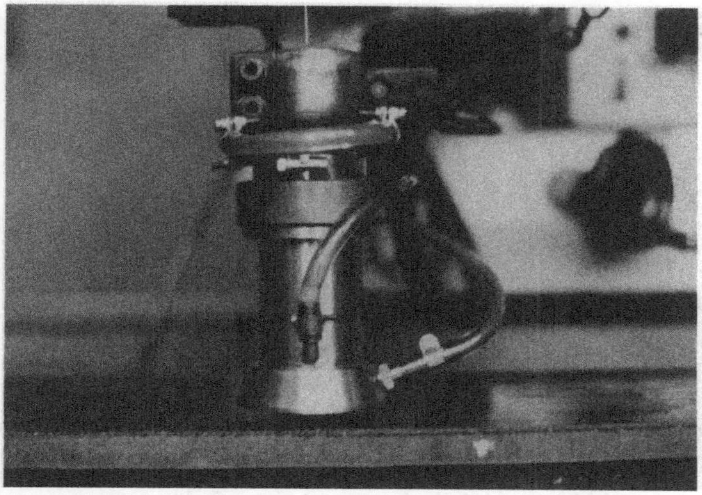

Bild 15: Schweißkopf in eingebautem Zustand

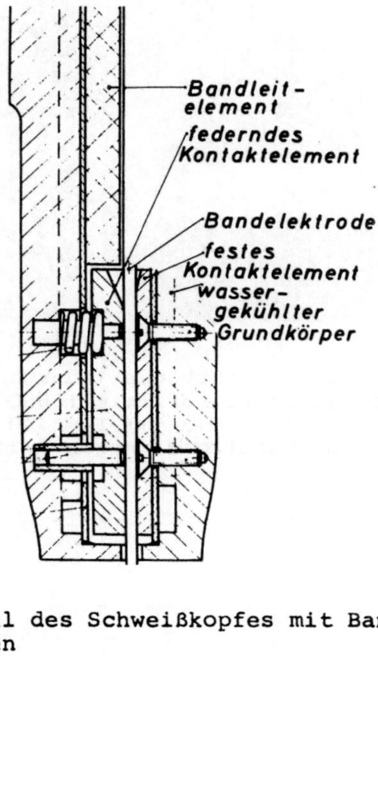

Bild 16: Innenteil des Schweißkopfes mit Bandleit- und Kontakt-
elementen

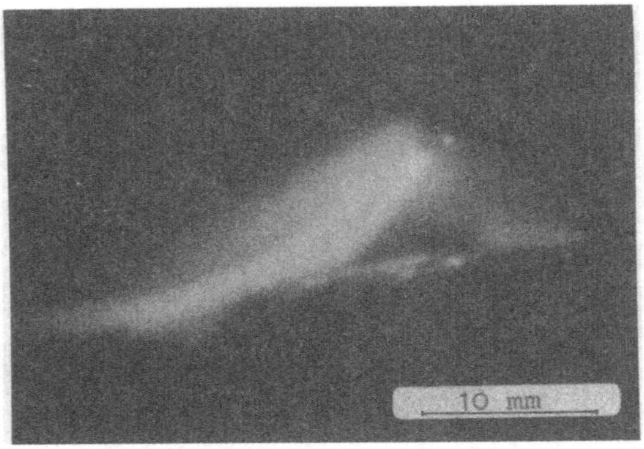

Bild 17: Lichtbogen an der Bandkante mit 2 "Kernen" (Ausschnitt aus einem Hochgeschwindigkeitsfarbfilm mit 6500 B/sec) (Bandabmessungen: 20 mm x 0,5 mm; I_S= 440 A; U_S= 28 V; v_s = 14 cm/min,Schutzgas: Argon S 1)

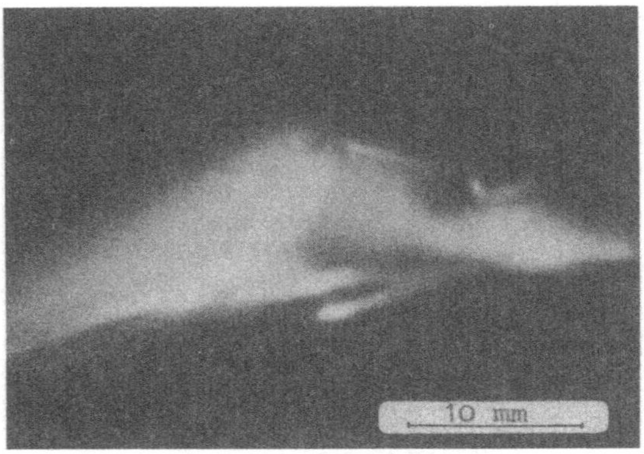

Bild 18: Bildung von Doppellichtbögen (Ausschnitt aus einem Hochgeschwindigkeitsfarbfilm mit 6500 B/sec) (Bandabmessungen: 20 mm x 0,5 mm; I_S= 440 A; U_S= 28 V; v_s = 14 cm/min, Schutzgas: Argon S 1)

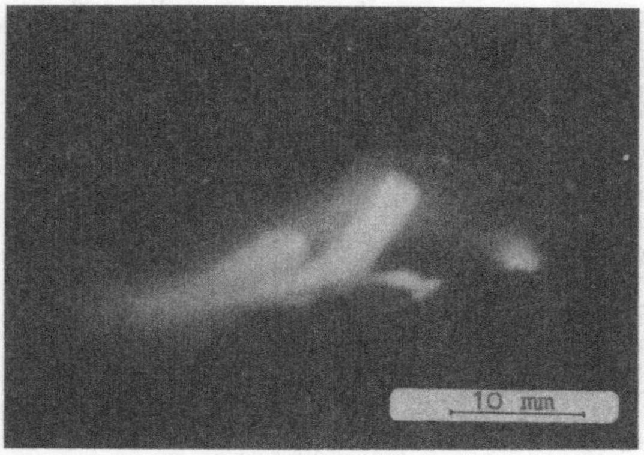

Bild 19: Lichtbogen an der Bandkante mit übergehendem Tropfen (Ausschnitt aus einem Hochgeschwindigkeitsfarbfilm mit 6500 B/sec) (Bandabmessungen: 20 mm x 0,5 mm; I_S = 440 A; U_S= 28 V; v_S = 14 cm/min, Schutzgas: Argon S 1)

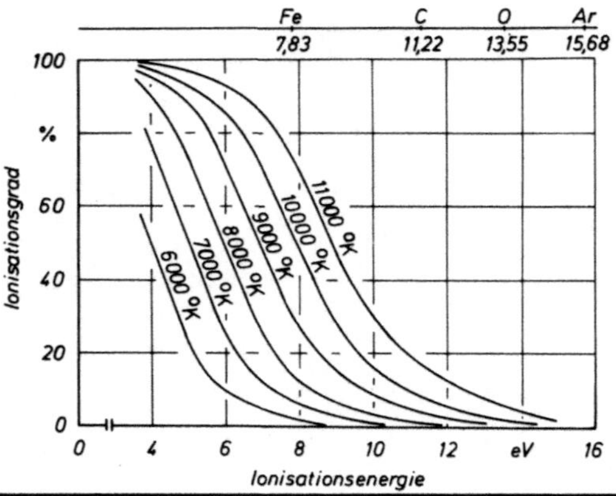

Abhängigkeit des Ionisationsgrades von der Ionisationsenergie (nach Lorenz)

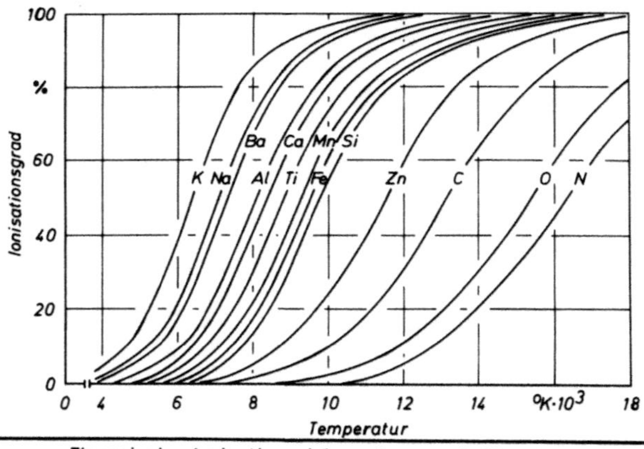

Thermische Ionisation einiger Gase und Dämpfe

(nach Broun und Pogodin-Alexejew)

Bild 20: Ionisationsgrad und -energie bei verschiedenen Stoffen und Temperaturen [20]

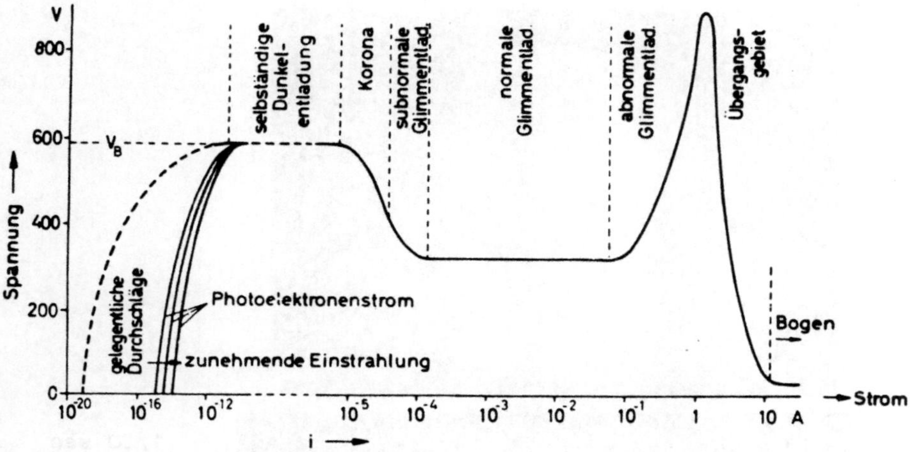

Bild 21: Entladungsintensität im Lichtbogenbereich [20]

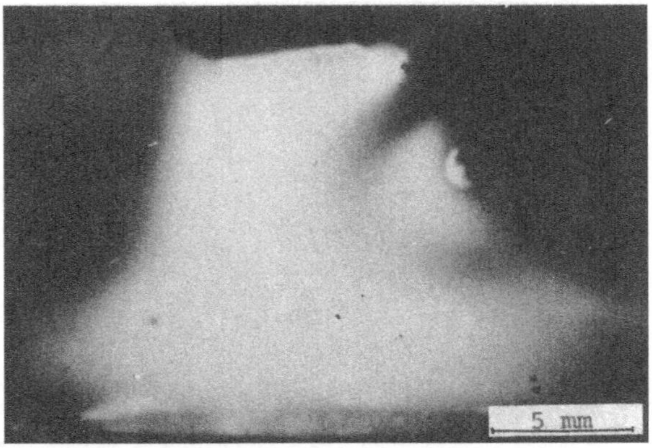

1/50 sec

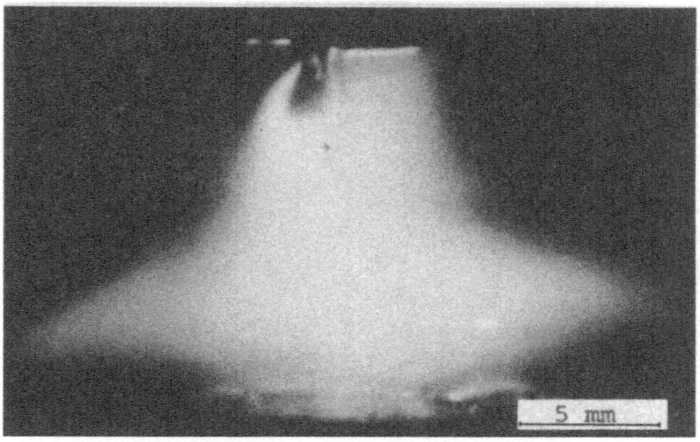

1/50 sec

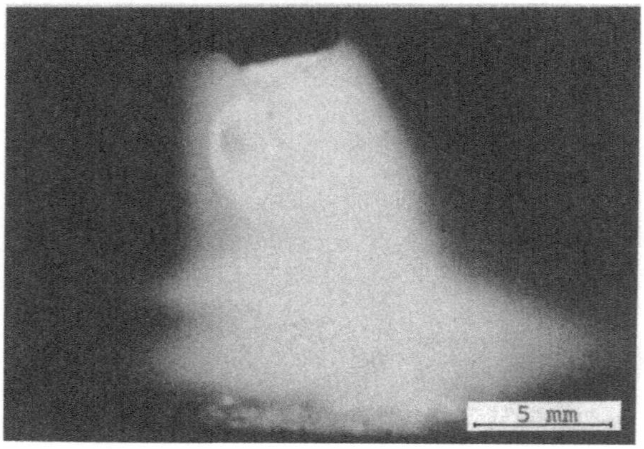

Bild 22: Lichtbogenbewegung an der Bandkante (Ausschnitt aus einem Hochgeschwindigkeitsfilm mit 3500 B/sec) (Bandabmessungen: 10 mm x 0,5 mm; I_s = 240 A; U_s= 28V; v_s = 15 cm/min, Schutzgas: Argon)

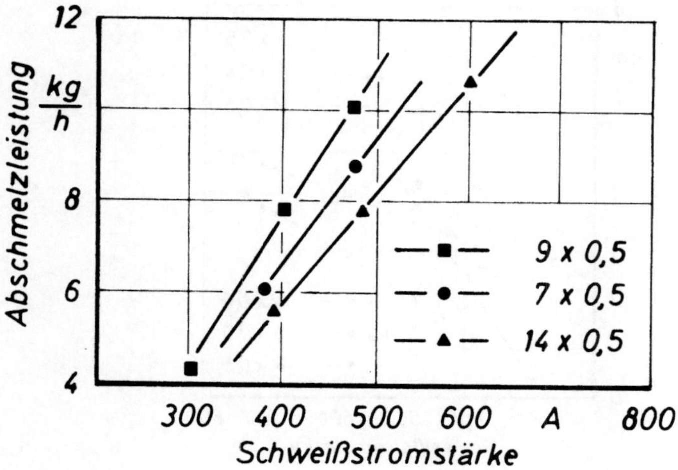

Bild 23: Einfluß der Schweißstromstärke auf die Abschmelzleistung für verschiedene Stähle und Bandabmessungen
7 mm x 0,5 mm: niedriglegierte Stahlbandelektrode
Schutzgas: Corgon
14 mm x 0,5 mm: niedriglegierte Stahlbandelektrode
Schutzgas: Corgon
9 mm x 0,5 mm: austenitische Cr-Ni-Stahlbandelektrode
Schutzgas: Argon

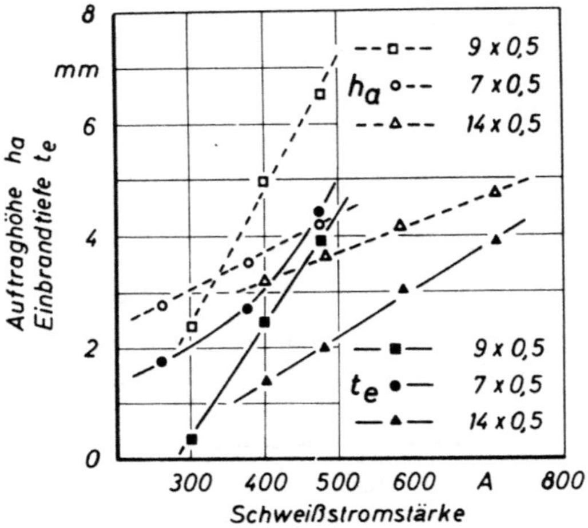

Bild 24: Einfluß der Schweißstromstärke auf Auftraghöhe und Einbrandtiefe der Schweißraupe für verschiedene Stähle und Bandabmessungen
7 mm x 0,5 mm: niedriglegierte Bandelektrode
Schutzgas: Corgon
14 mm x 0,5 mm: niedriglegierte Bandelektrode
Schutzgas: Corgon
9 mm x 0,5 mm: austenitische Cr-Ni-Stahlbandelektrode
Schutzgas: Argon

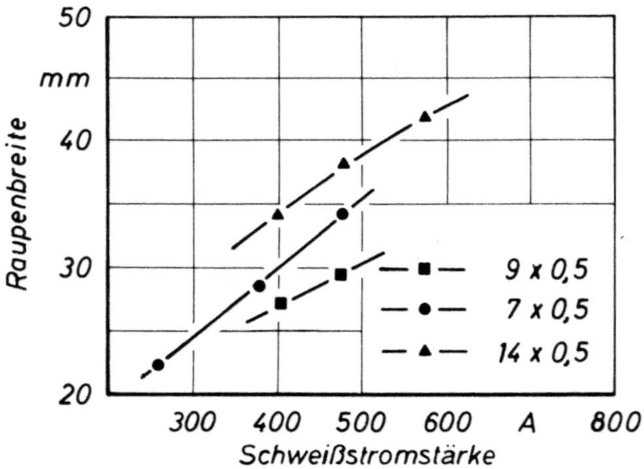

Bild 25: Einfluß der Schweißstromstärke auf die Breite der Schweißraupe für verschiedene Stähle und Bandabmessungen
7 mm x 0,5 mm: niedriglegierte Stahlbandelektrode
Schutzgas: Corgon
14 mm x 0,5 mm: niedriglegierte Stahlbandelektrode
Schutzgas: Corgon
9 mm x 0,5 mm: austenitische Cr-Ni-Stahlbandelektrode
Schutzgas: Argon

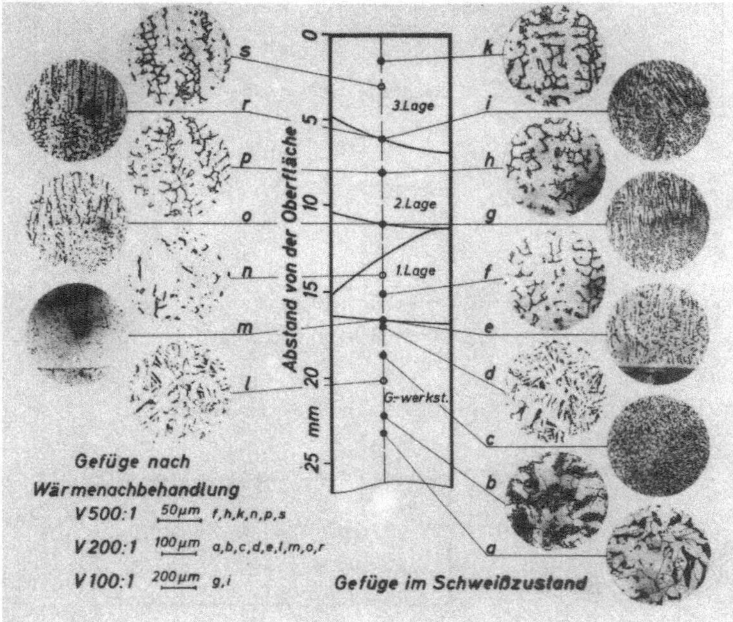

Bild 26: Gefügebilder der dreilagigen Schweißplattierung im Schweißzustand und nach einer Wärmebehandlung: 20 min bei 1050°, Abkühlung in Luft von 20°C

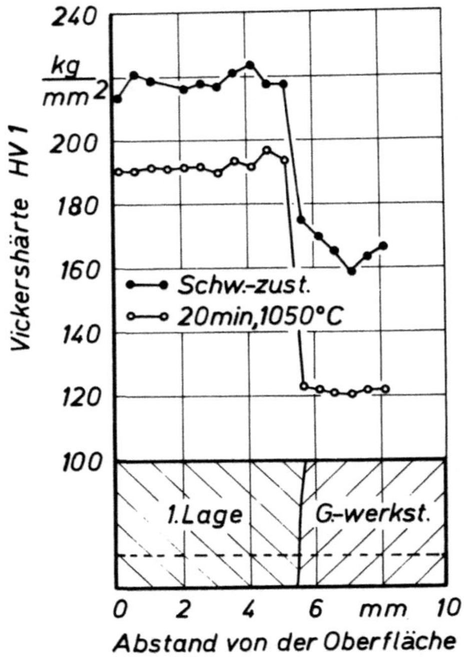

Bild 27: Härteverlauf der Einlagen-Plattierung

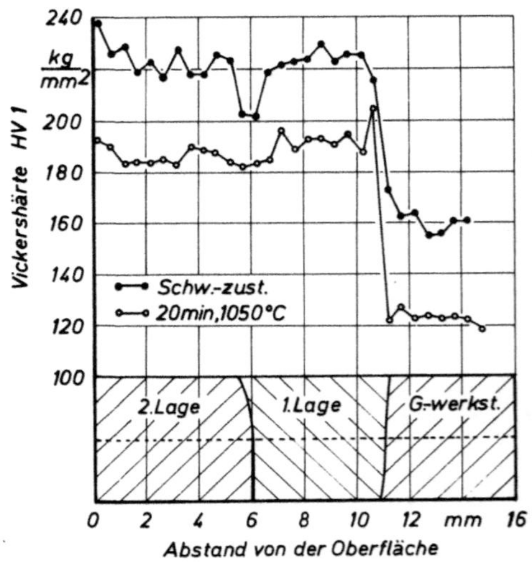

Bild 28: Härteverlauf der Zweilagen-Plattierung

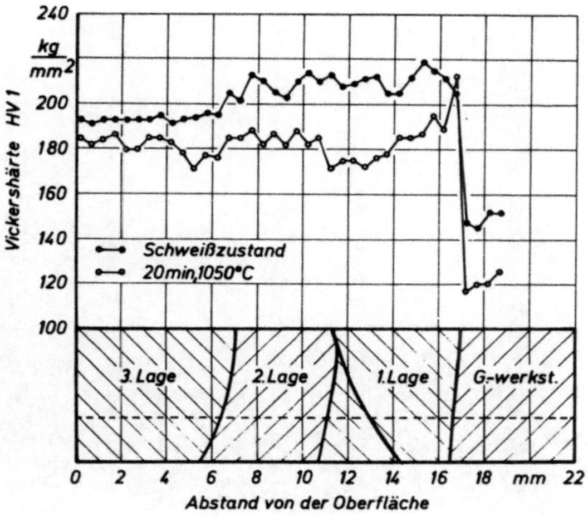

Bild 29: Härteverlauf der Dreilagen-Plattierung

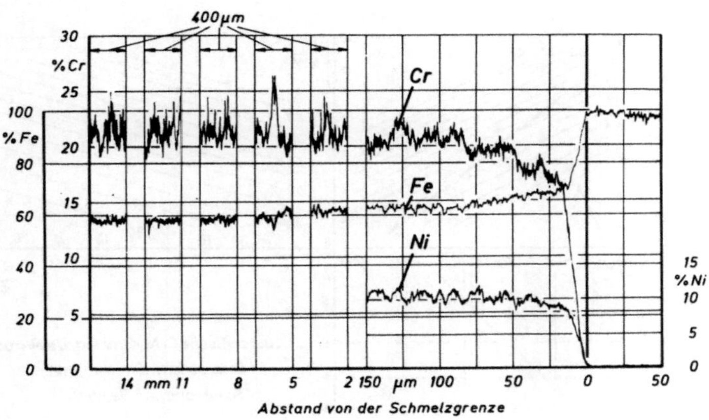

Bild 30: Mikrountersuchung mit der Elektronensonde

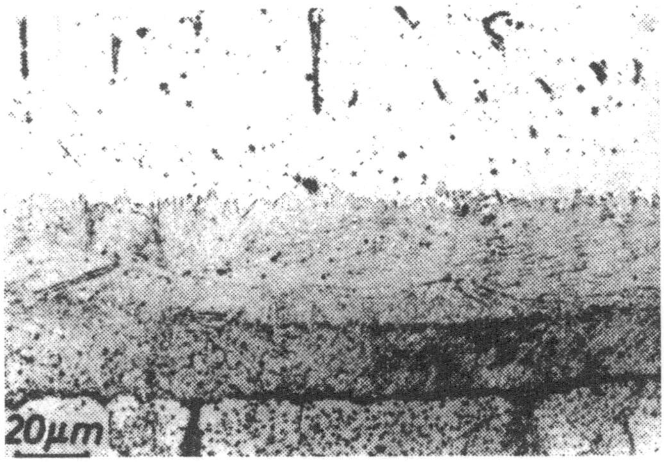

Bild 31: Übergangszone zwischen Grundwerkstoff und austenitischer Beschichtung (oben)

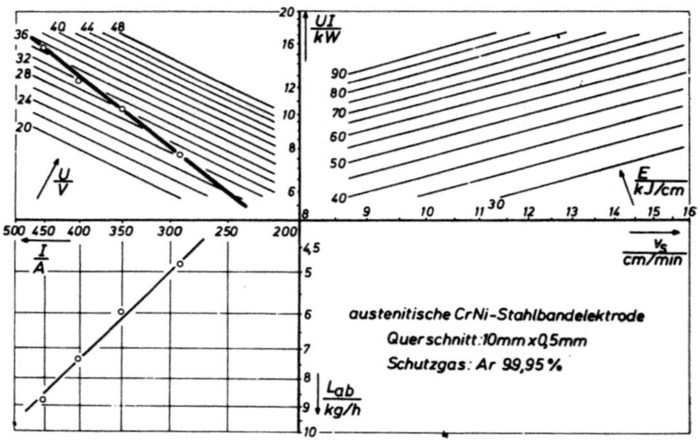

Bild 32: Nomogramm für das Schutzgasauftragschweißen mit austenitischer Cr-Ni-Stahlbandelektrode des Querschnitts 10 mm x 0,5 mm unter Argon

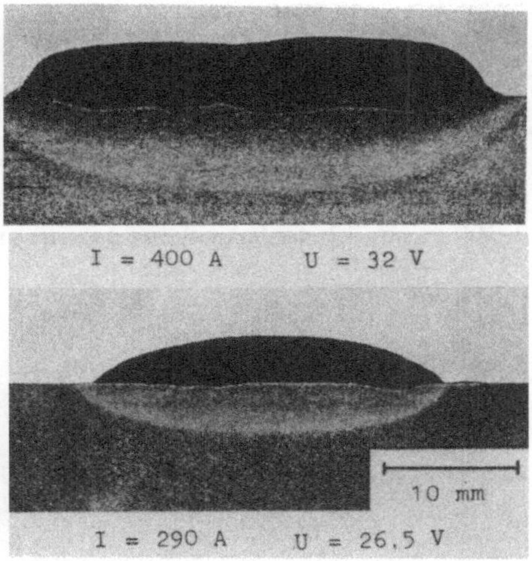

Bild 33: Schweißraupenquerschnitte bei unterschiedlichen Schweißstromstärken (zu 5.1.5)

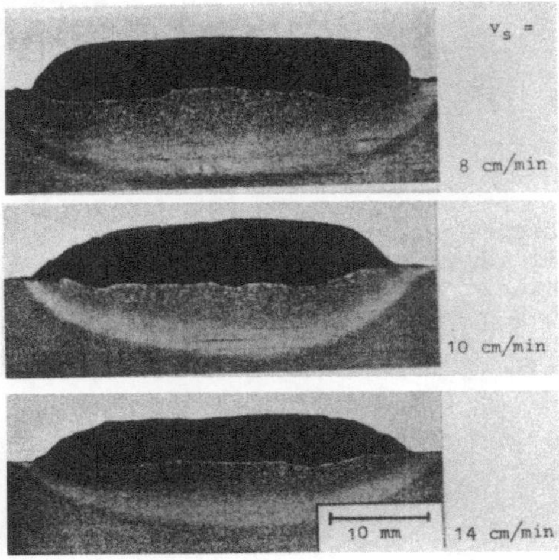

Bild 34: Schweißraupenquerschnitte bei unterschiedlichen Schweißgeschwindigkeiten

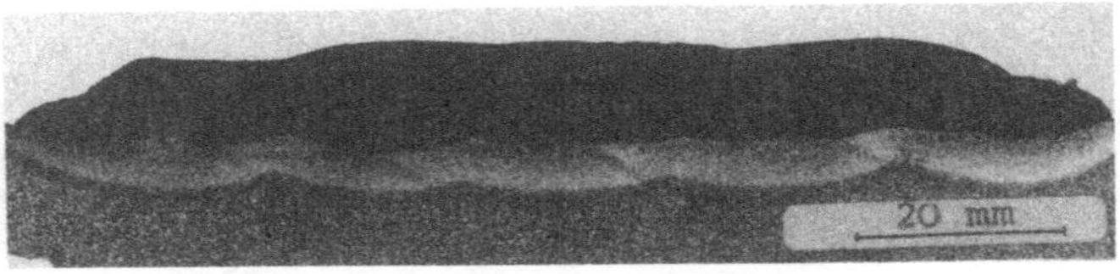

Bild 35: Zweilagige Flächenplattierung (zu 5.1.5) (I_s = 400 A; U_s = 32 V; v_s = 12 cm/min; Bandabmessungen: 10 mmx0,5mm Schutzgas: Argon)

Bild 36: Zweilagige Rohraußenplattierung (zu 5.1.5) (I_s = 400 A; U_s = 32 V; v_s = 12 cm/min; Bandabmessungen: 10 mm x 0,5 mm Schutzgas: Argon)

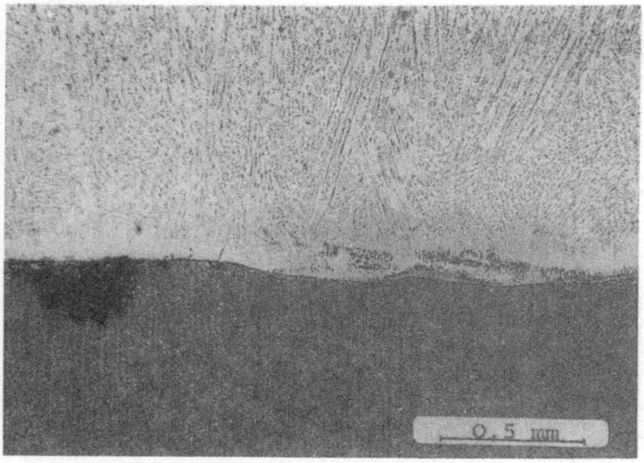

Bild 37: Gefügebilder des Übergangs vom Grundwerkstoff zur austenitischen Auftragschicht

Bild 38: Gefügebild des Übergangs vom Grundwerkstoff zur austenitischen Auftragschicht

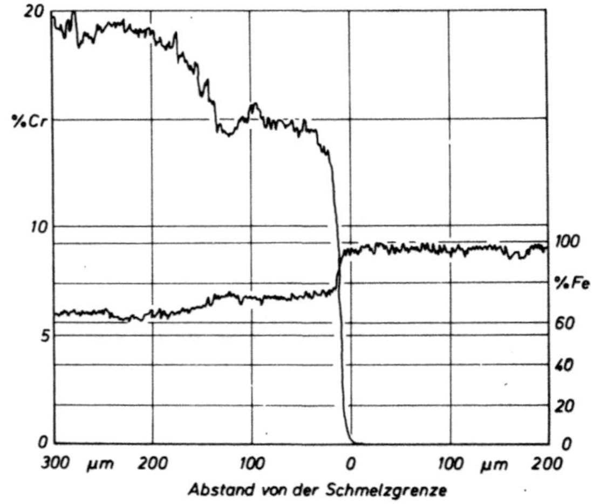

Bild 39: Mikroanalyse des Übergangs vom Grundwerkstoff zur austenitischen Auftragschicht

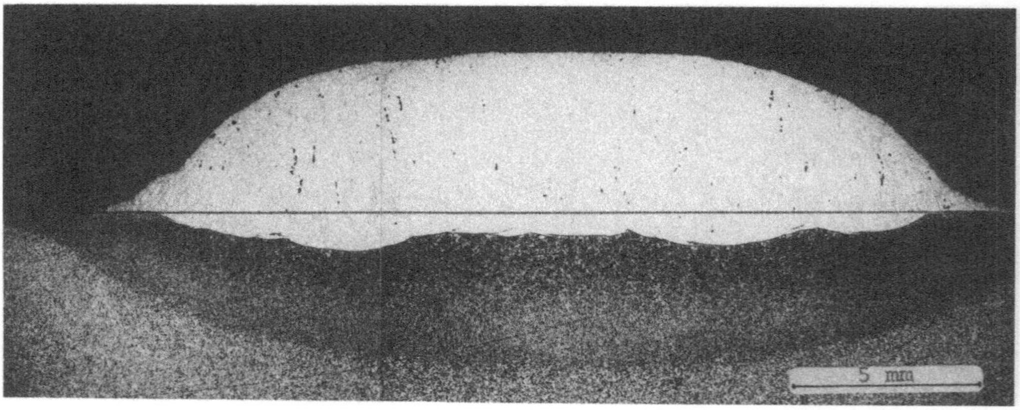

Bild 40: Makroschliff einer Panzerung, erstellt unter Argon
Bandelektrode: X 40 Cr 13; 10 mm x 0,5 mm
I_s = 240 A; U_s = 27 V; v_s = 15 cm/min (Tafel 6)

Bild 41: Oberfläche der in Bild 40 gezeigten Panzerung

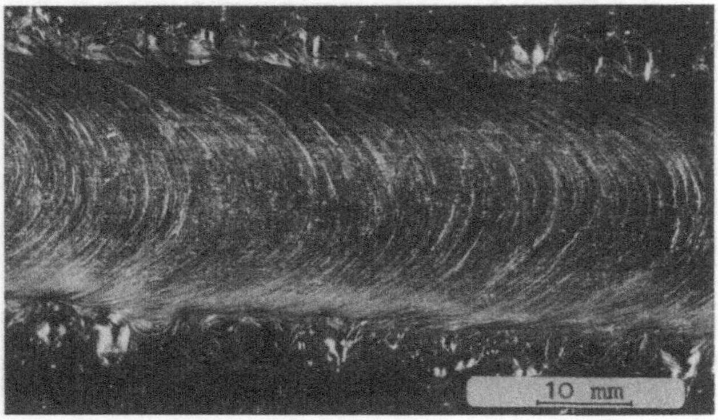

Bild 42: Oberfläche einer mit den in Bild 40 (Tafel 6) angegebenen Daten erstellten Panzerung

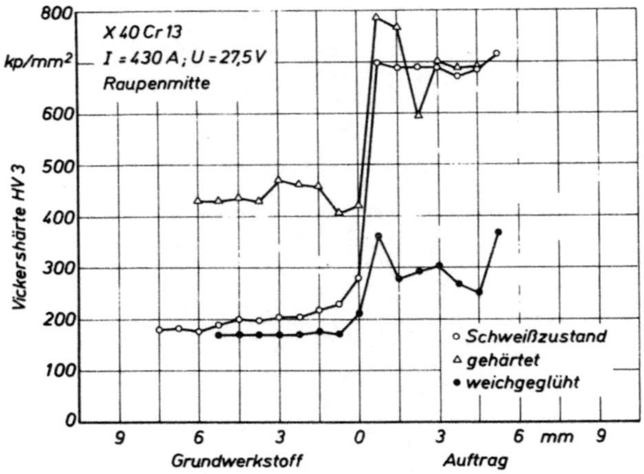

Bild 43: Härteverlauf senkrecht zur Oberfläche bei einer Panzerung mit dem Elektrodenwerkstoff X 40 Cr 13 im Schweißzustand, gehärtet und weichgeglüht (Bandabmessungen, Schweißdaten und Wärmebehandlung siehe Tafel 6)

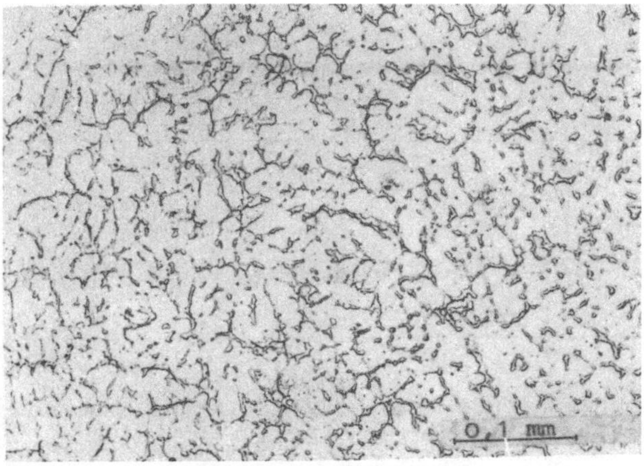

44

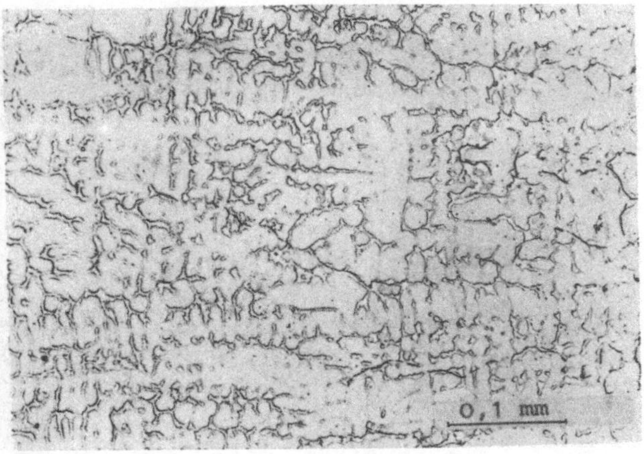

45

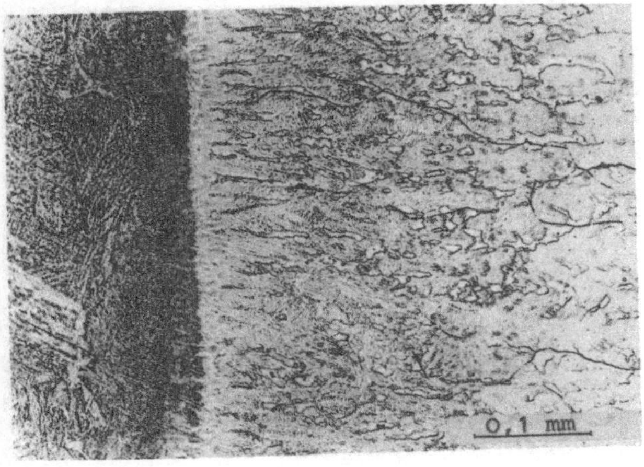

46

Bild 44,: Mikroaufnahmen einer Panzerung (X 40 Cr 13) aus dem
45, oberen und mittleren Bereich der Beschichtung und aus
46 der Übergangszone zum Grundwerkstoff (Bandabmessungen geschweißt unter Argon und Schweißdaten siehe Tafel 6)

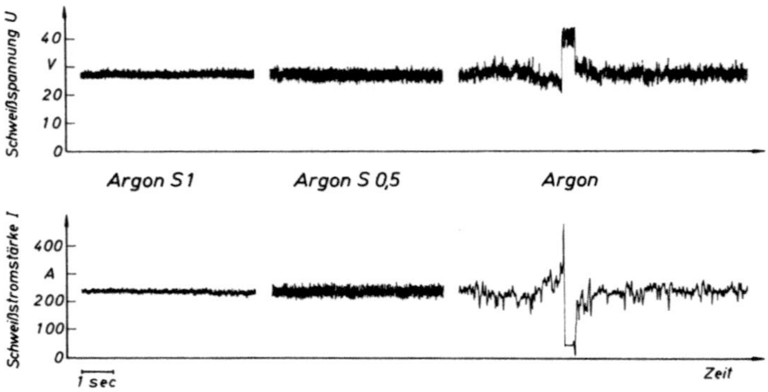

Bild 47: Unterschiedlicher Prozeßablauf mit zunehmendem Sauerstoffanteil im Schutzgas

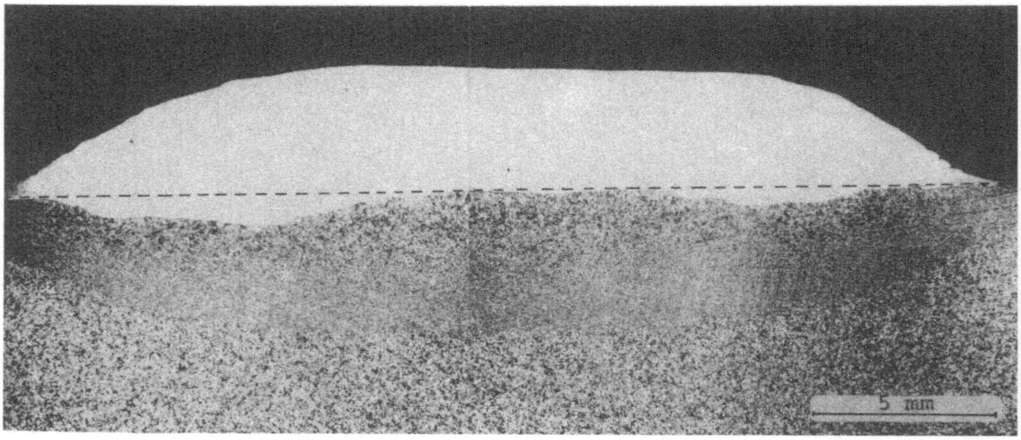

Bild 48: Makroschliff einer Panzerung unter Argon S 0,5 (Bandelektrode X 40 Cr 13: 10 mm x 0,5 mm; I_s = 240 A; U_s = 27 V; v_s = 15 cm/min)

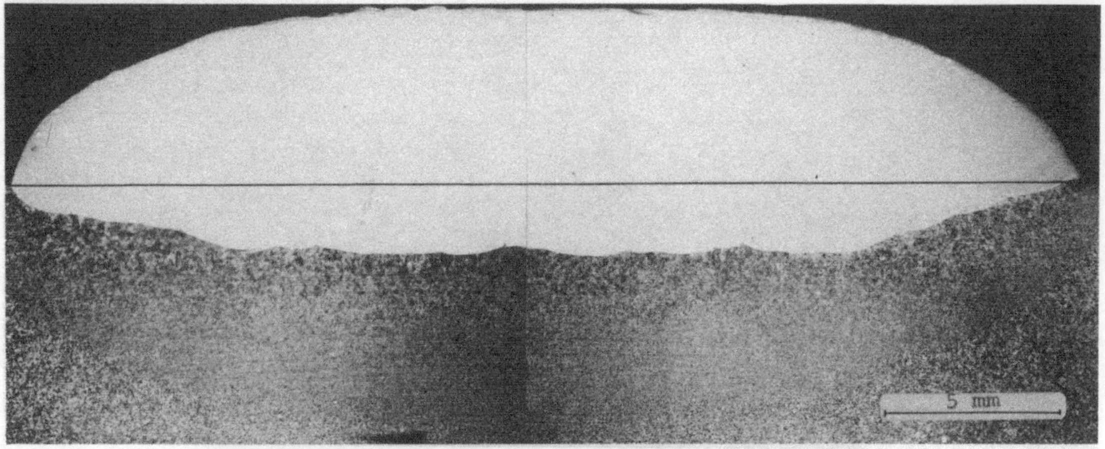

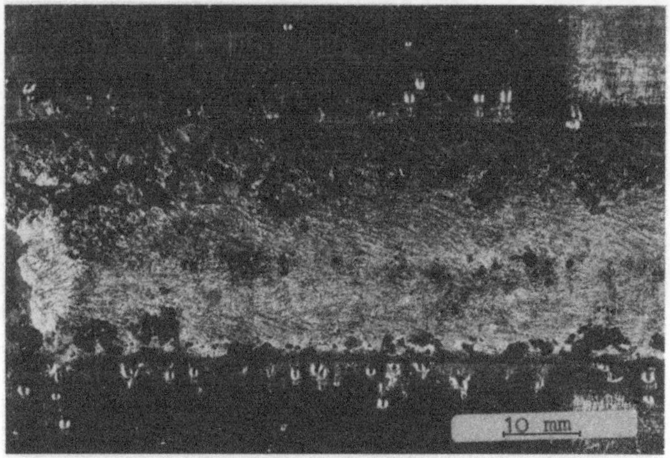

Bild 49: Makroschliff und Oberfläche einer Panzerung unter Argon S 5 (Bandelektrode X 40 Cr 13: 10 mm x 0,5 mm I_s = 300 A, U_s = 27 V, v_s = 15 cm/min)

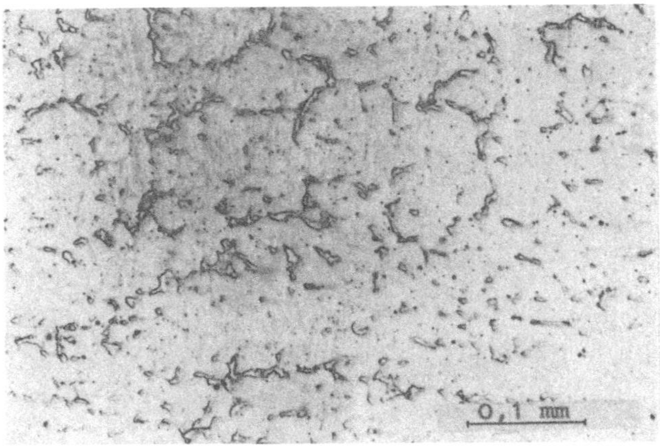

50

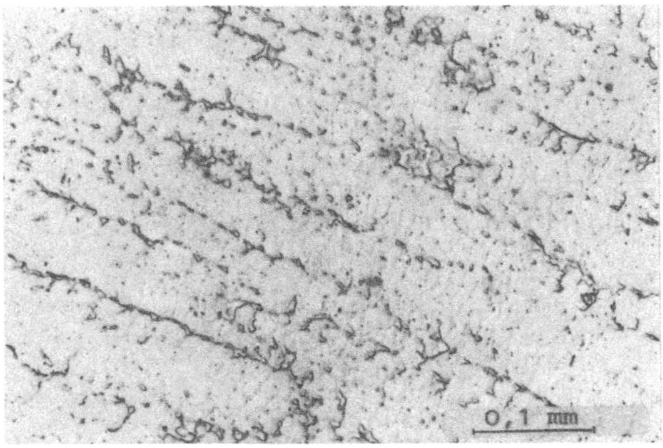

51

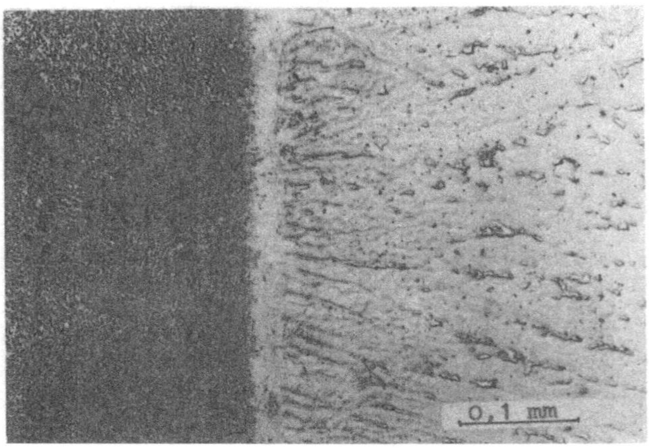

52

Bild 50,: Mikroaufnahmen einer Panzerung (X 40 Cr 13) aus dem
51 oberen und mittleren Bereich der Beschichtung und aus
52 der Übergangszone zum Grundwerkstoff, geschweißt unter
Argon S 5 (Bandelektrode X 40 Cr 13: 10 mm x 0,5 mm;
I_s = 300 A; U_s = 27 V; v_s = 15 cm/min)

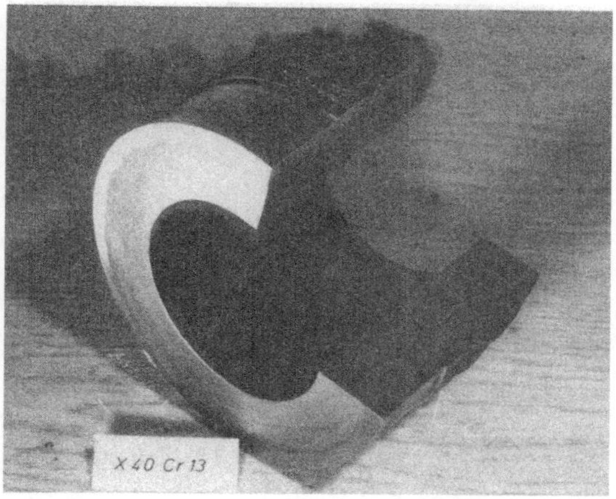

Bild 52a: Rohraußenpanzerung unter Argon S 5

Bild 52b: Rohraußenplattierung unter Argon S 5

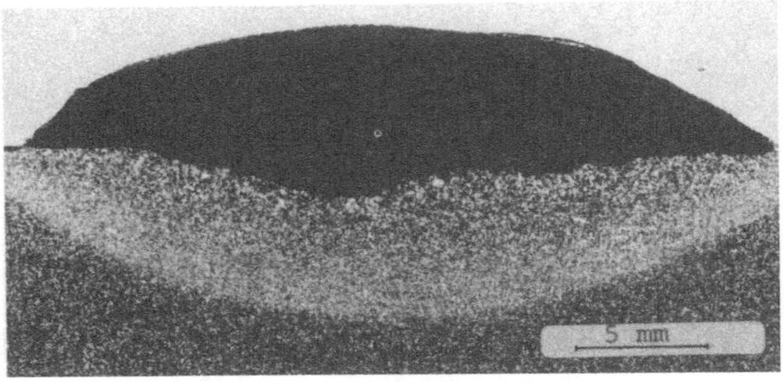

Bild 53: Makroschliff einer Panzerung erstellt unter Argon S 0,5 (Bandelektrode X 40 Cr 13: 15 mm x 0,5 mm; I_s = 380 A; U_s = 28 V; v_s = 15 cm/min)

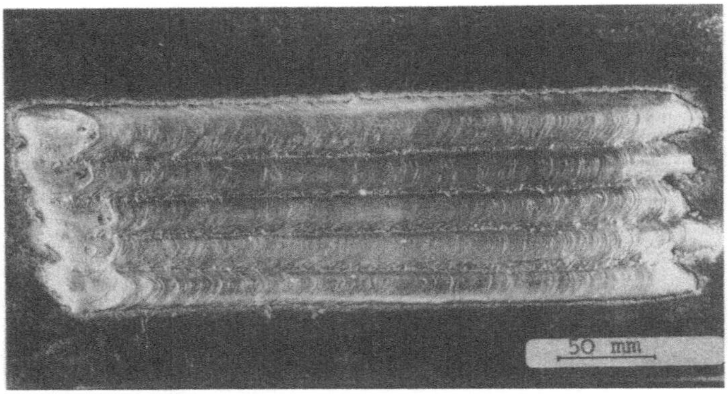

Bild 54: Oberfläche einer Beschichtung unter Argon S 0,5 mit 30° schräggestellter Elektrode (X 8 Cr 17; 20 mm x 0,5 mm) Schweißdaten, Abmessungen und schemische Analysen der Versuchswerkstoffe und der Plattierung enthält Tafel 7

Bild 55: Makroschliff einer Beschichtung unter Argon S 0,5 mit 30° schräggestellter Elektrode (X 8 Cr 17; 20 mmx0,5mm) Schweißdaten, Abmessungen und chemische Analysen der Versuchswerkstoffe und der Plattierung enthält Tafel 7

Bild 56: Raupenoberfläche einer Beschichtung unter Argon S 0,5 mit Bandelektrode X 8 Cr 17 (15 mm x 0,5 mm) (I_s = 425 A; U_s = 28 V; v_s = 15 cm/min)

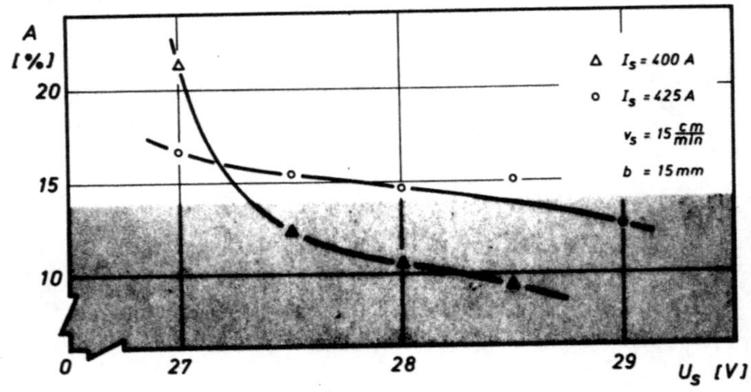

Bild 57: Aufmischung als Funktion der Schweißspannung
(Bandelektrode X 8 Cr 17: 15 mm x 0,5 mm)

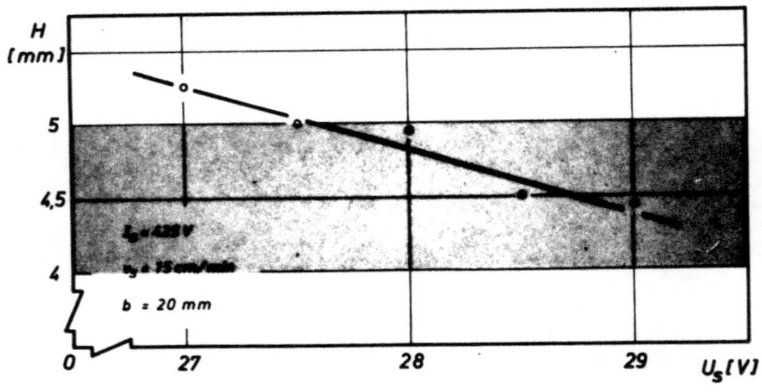

Bild 58: Auftraghöhe als Funktion der Schweißspannung
(Bandelektrode X 8 Cr 17: 20 mm x 0,5 mm)

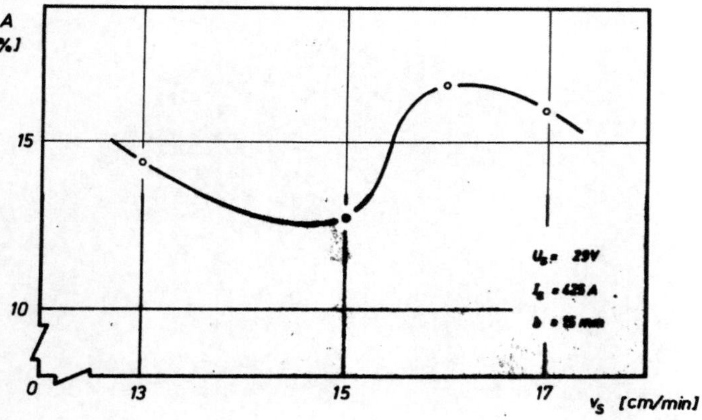

Bild 59: Aufmischung als Funktion der Schweißgeschwindigkeit (Bandelektrode X 8 Cr 17: 20 mm x 0,5 mm)

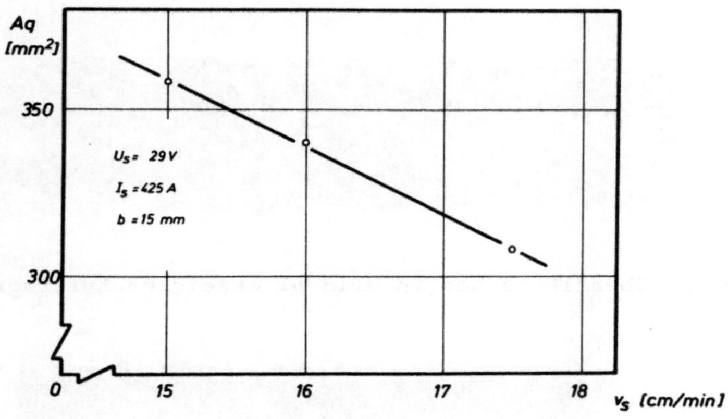

Bild 60: Auftragquerschnittsfläche als Funktion der Schweißgeschwindigkeit (Bandelektrode X 8 Cr 17: 15 mm x 0,5 mm)

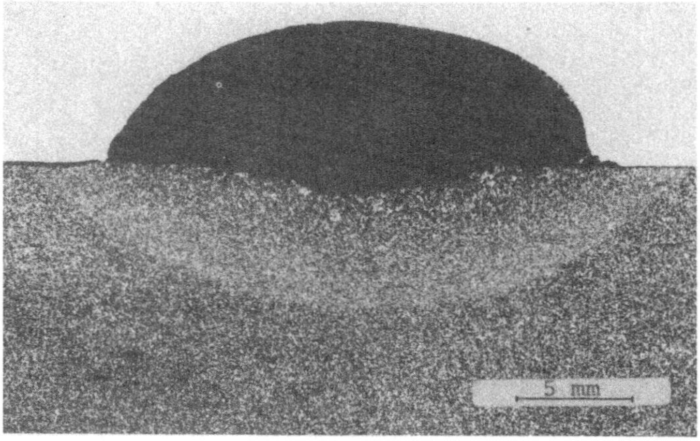

Bild 62: Makroschliff einer Auftragraupe bei Längsstellung der Bandelektrode (X 8 Cr 17) zur Schweißrichtung

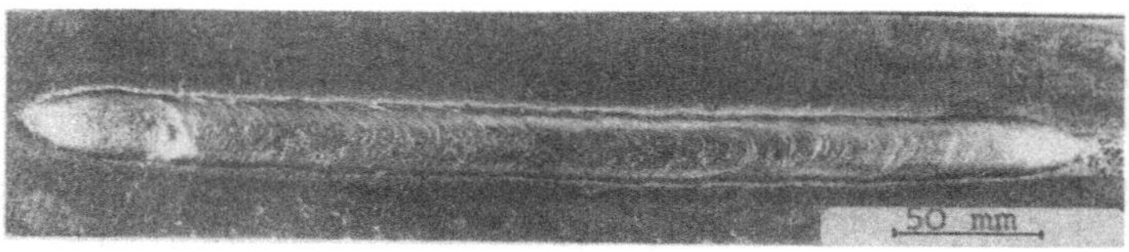

Bild 63: Oberfläche der in Bild 62 gezeigten Auftragraupe

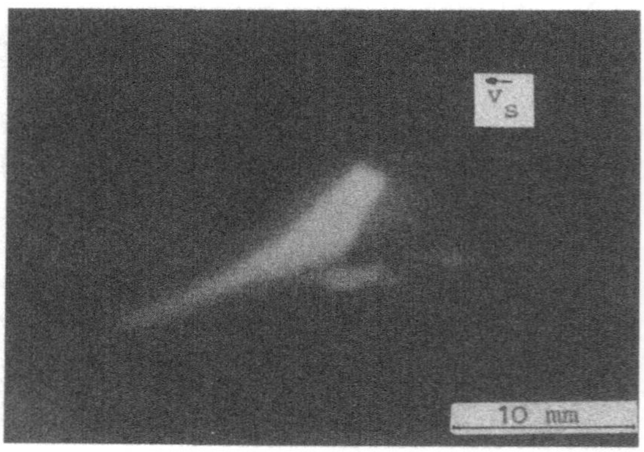

Bild 64: Stechendes Hinauspendeln des Lichtbogens über die Bandkante hinaus im vorderen Bereich beim Auftragschweißen mit parallel (längs) zur Schweißrichtung stehender Elektrode

Bild 65: Makroschliff einer Plattierung mit schräggestellter Bandelektrode X 8 Cr 17 der Abmessungen 20 mm x 0,5 mm unter Argon S 0,5 (Schweißdaten und chemische Analysen der Plattierung enthält Tafel 8)

Bild 66: Oberfläche der in Bild 65 gezeigten Raupe

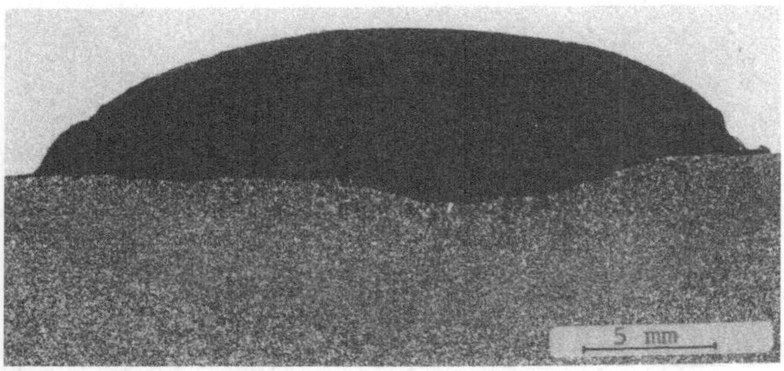

Bild 67: Makroschliff einer Plattierung mit 30° schräggestellter Bandelektrode X 8 Cr 17 der Abmessungen 20 mm x 0,5 mm unter Argon S 0,5 (I_s = 440 A; U_s = 28,5 V; v_s=14 cm/min)

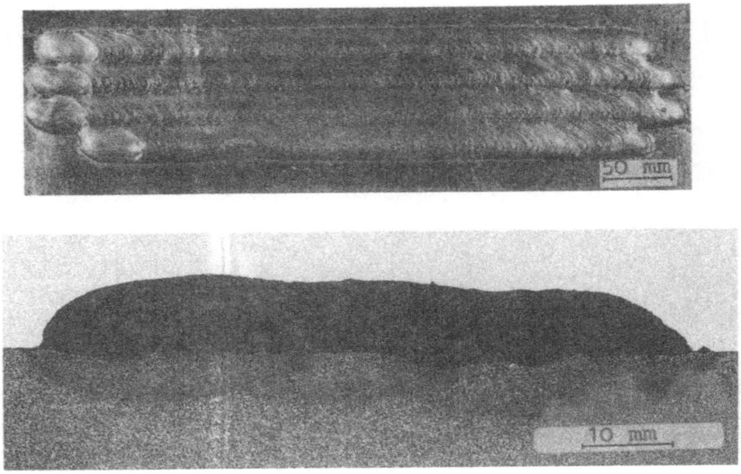

Bild 68: Oberfläche und Makroschliff einer Plattierung mit 30° schräggestellter Bandelektrode X 8 Cr 17 der Abmessungen 20 mm x 0,5 mm unter Argon S 1 (I_s = 440 A; U_s = 28,5 V; v_s = 14 cm/min)

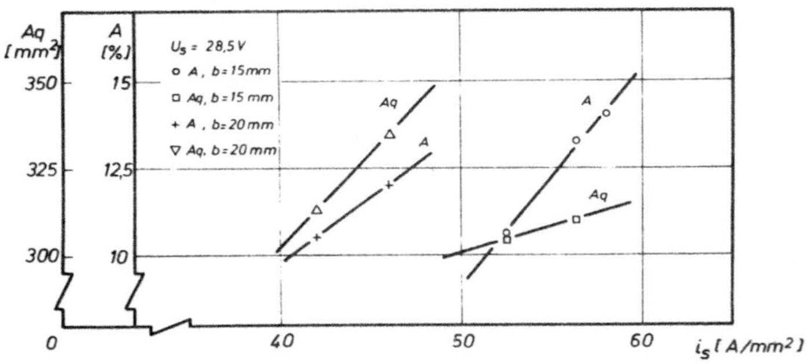

Bild 69: **Aufmischung** und Auftragquerschnittsfläche als Funktion der spezifischen Strombelastung (U_s = 28 V; v_s=14cm/min) Bandelektrode X 8 Cr 17 30° schräggestellt

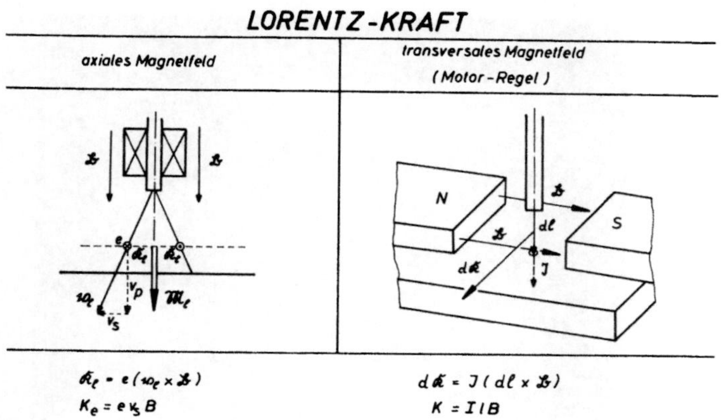

Bild 70: Schematische Skizze der Wirkung der Lorenz-Kraft K auf den Lichtbogen

Bild 71: Schweißkopf mit zusätzlichen Magneten zur magnetischen Beeinflussung der Lichtbogenbewegung

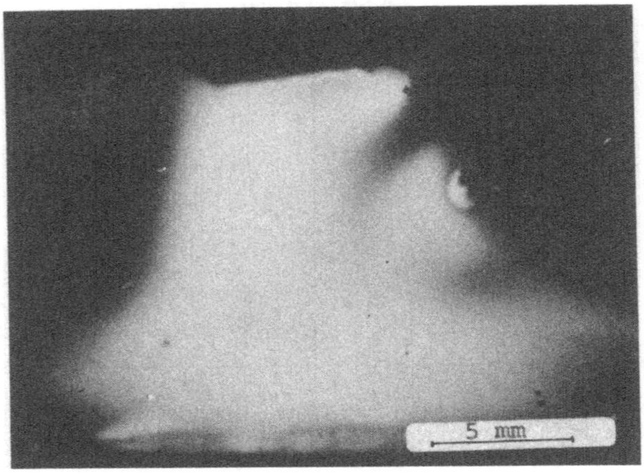

Bild 72: Tropfenübergang außerhalb des Lichtbogens (Ausschnitt aus einem Hochgeschwindigkeitsfarbfilm mit 3500 B/sec; Schutzgas: Argon (I_s= 240 A; U_s= 29 V; v_s = 15 cm/min)

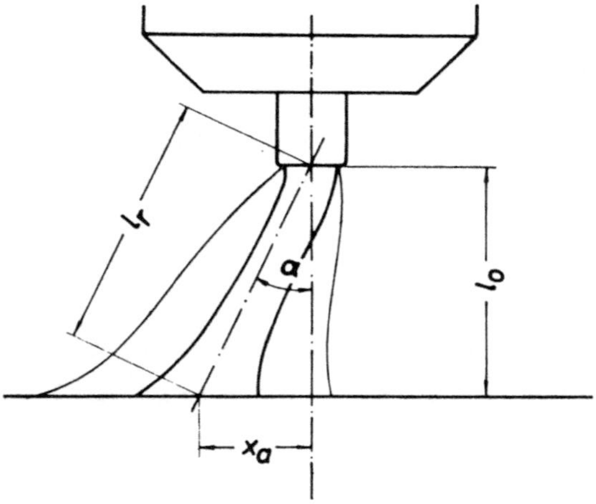

Bild 73: Lichtbogenkenngrößen beim Einsatz zusätzlicher zeitlich veränderlicher transversaler Magnetfelder

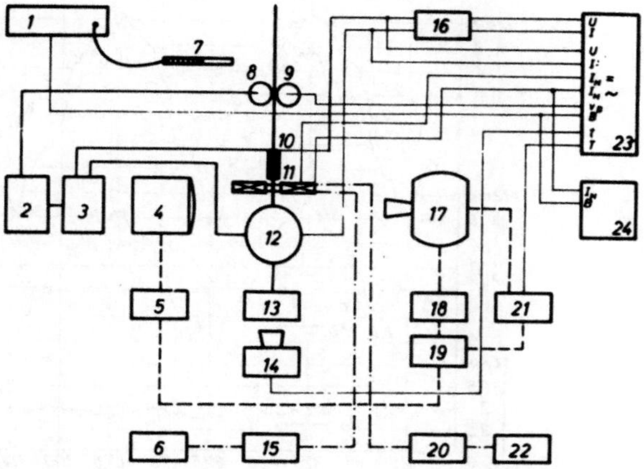

1 Gaußmeter, 2 Steuergerät des Schweißautomaten, 3 Schweißstromquelle, 4 Xenonlampe, 5 Stromversorgungsgerät der Xenonlampe, 6 Gleichstromquelle, 7 Hallsonde, 8 Elektrodenvorschub, 9 Meßwertaufnehmer für Elektrodenvorschubgeschwindigkeit, 10 Elektrodenführung und Stromzufuhr, 11 Elektromagnet, 12 Werkstück, 13 Drehtisch für Schweißvorschub, 14 Kleinbildkamera, 15 Schiebewiderstand, 16 LC-Glied für Strom und Spannung, 17 Hochgeschwindigkeitskamera, 18 Steuergerät der Hochgeschwindigkeitskamera, 19 Programmer, 20 Verstärker, 21 Zeitmarkengeber, 22 Frequenz- und Funktionsgenerator, 23 Flüssigkeitsstrahl-Oszillograph, 24 Kathodenstrahl-Oszillograph.

Bild 74: Prinzipieller Versuchsaufbau

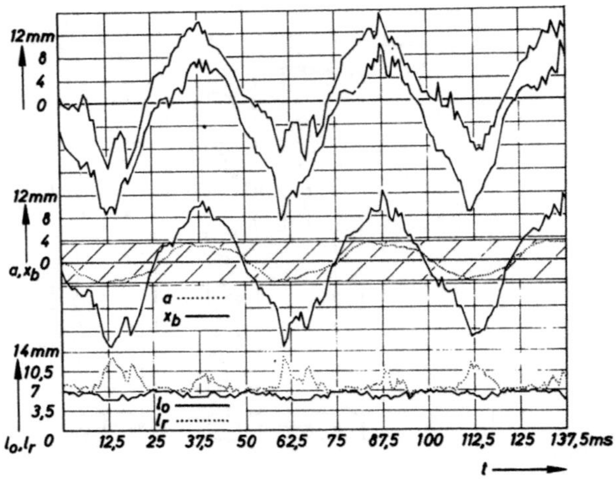

Bild 75: Magnetische Pendelung des Lichtbogens beim Schutzgasschweißen mit Bandelektrode (7 mm x 1 mm)

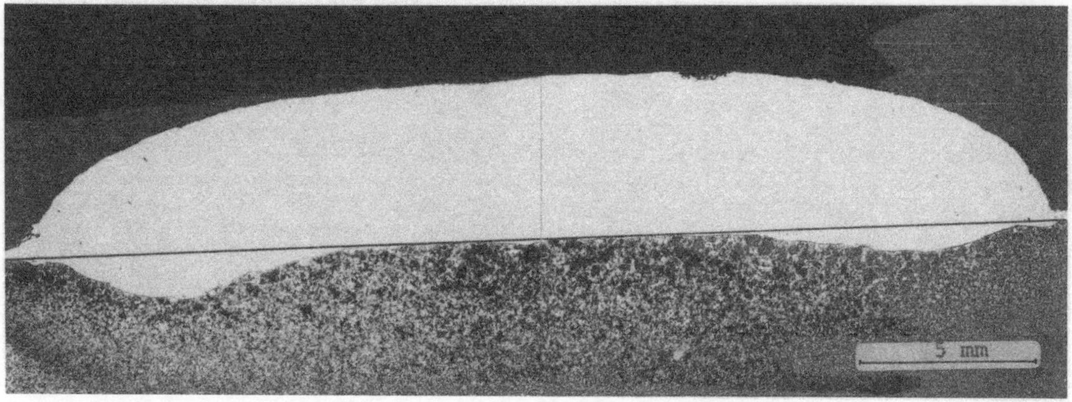

Bild 76: Makroschliff einer Panzerung mit quergestellter Bandelektrode (X 40 Cr 13; 15 mm x 0,5 mm) unter Zuhilfenahme eines zeitlich veränderlichen transversalen Zusatzmagnetfeldes (20 Hz) I_s = 300 A; U_s = 28 V; v_s = 15 cm/min; Schutzgas: Argon S 0,5
Breite der Schweißraupe: 32 mm, Aufmischung: ca. 12%

GPSR Compliance

The European Union's (EU) General Product Safety Regulation (GPSR) is a set of rules that requires consumer products to be safe and our obligations to ensure this.

If you have any concerns about our products, you can contact us on ProductSafety@springernature.com

In case Publisher is established outside the EU, the EU authorized representative is:

Springer Nature Customer Service Center GmbH
Europaplatz 3
69115 Heidelberg, Germany

Batch number: 10584556

Printed by Printforce, the Netherlands